THÉORIE DU POINT

Ouvrages scientifiques du même auteur :

SCIENCE ET PARADOXE 1906...................................... Eug. REY, éditeur, Paris

DÉTERMINATION DE LA LONGUEUR DE LA CIRCONFÉRENCE........ Eug. REY, éditeur, Paris

EN PRÉPARATION :

L'ARITHMÉTIQUE ET L'ALGÈBRE, d'après PYTHAGORE.

LIEUTENANT-COLONEL P.-L. MONTEIL

THÉORIE
DU POINT

GÉOMÉTRIE RATIONNELLE ÉLÉMENTAIRE

Conçue sur des Bases ENTIÈREMENT nouvelles,
réalisant l'harmonie de la Théorie et de la Pratique
par la Matérialisation des Constructions graphiques

« Apprendre, c'est comprendre. »
« Savoir, c'est pouvoir démontrer. »

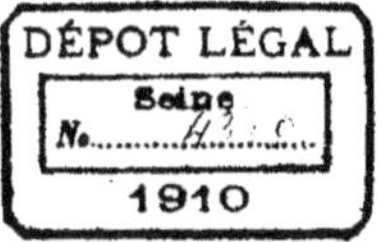

TEXTE

POISSY
IMPRIMERIE LEJAY FILS ET LEMORO
BOULEVARD DE LA CROIX-VERTE
1907
Vente au détail : L. VITREBERT, 48, Rue des Écoles, PARIS
Seul dépositaire pour la France & les Colonies

INTRODUCTION

La « *Théorie du point* » n'est pas un *Traité nouveau de Géométrie*, qui se distinguerait des autres, par une coordination différente des livres ou théorèmes, *sans modifier l'esprit, de la méthode classique d'enseignement et de conception de la matière*.

La « *Théorie du point* » est une méthode nouvelle, c'est la Géométrie nouvelle, rationnelle.

Livre de logique mathématique, la « *Théorie du point* », professe que, l'objet de la Géométrie est de mesurer les volumes des corps de la nature, ou la nature elle-même. *Or, la mesure d'un volume ne peut être effectuée que par un volume élémentaire pris pour unité.*

L'abstrait, l'irréel, l'intangible ne peuvent conduire à la conception du *réel*, du *tangible*; or, le volume est la forme tangible, *matérielle*, des corps de la nature, de la nature elle-même : *le point, la ligne, la surface* qui doivent mesurer le volume, doivent avoir les qualités du volume lui-même, c'est-à-dire être *matériels*. La « *Théorie du point* » *matérialise ces éléments* que la Géométrie actuelle conçoit comme des *abstractions*.

La « *Théorie du point* » *est la Géométrie sans théorème*, c'est-à-dire sans propositions, souvent subtiles, n'ayant entre elles que des relations imprécises. Procédant d'une logique rigoureuse, les propositions s'enchaînent les unes aux autres, elles se développent successivement dans un ordre normal, le même pour les deux parties que comporte la « *Théorie du point* ».

La première partie comprend TROIS LIVRES :

> **Mesure des lignes droites ;**
> **Mesure des surfaces à côtés rectilignes ;**
> **Mesure des solides à côtés rectilignes.**

La deuxième partie comprend TROIS LIVRES :

> **Mesure de la ligne courbe circonférence ;**
> **Mesure de la surface cercle ;**
> **Mesure des solides circulaires.**

Deux appendices traitent l'un des *Angles*, l'autre de la *Topographie*.

La simplicité de la méthode, son unité, la souplesse conséquence de ces deux qualités, ont permis à la « *Théorie du point* » de solutionner de manière *définitive et claire à la fois*, des questions jusqu'ici restées irrésolues, malgré les flots d'encre que leur recherche a fait couler, depuis l'antiquité.

Tels sont : *le Postulatum d'Euclide* ; *le théorème du carré de l'hypothénuse*, inexactement compris et démontré par la Géométrie actuelle ; *la détermination de la longueur de la circonférence*, détermination qui a pour conséquence la modification de la valeur de π ; *la solution de la quadrature du cercle*, résultant de la détermination de la longueur de la circonférence ; *les rapports des solides de révolution, cylindre, cône et sphère*, que les méthodes élémentaires de la Géométrie actuelle, ne permettent pas de définir *la surface de la sphère*, la mesure actuellement adoptée pour cette surface est **inexacte**, etc.

La « *Théorie du point* » démontre de manière précise, que, **Géométrie, Algèbre, Arithmétique, ne sont qu'une seule et même science**.

La « *Théorie du point* », prenant pour unité de mesure un volume élémentaire, est une géométrie à trois dimensions. En un petit nombre de pages, elle traite toutes les matières contenues dans *les Géométries : Plane, de l'Espace, descriptive, des plans côtés et la Topographie*.

Pour juger cette œuvre nous demandons au monde savant, seulement un peu d'esprit de justice et de sincérité scientifique.

Nous avons dit : la « *Théorie du point* » est une *Géométrie nouvelle*.

Pourquoi une Géométrie nouvelle ? Il semble que la Géométrie actuelle a fait ses preuves, qu'elle suffit à tous les besoins, puisqu'elle est acceptée par tous, et depuis de longs siècles déjà.

Certaines démonstrations manquent peut-être d'une rigueur absolue. Nombre de lignes de longueur *finie, géométriquement, graphiquement*, ont pour expression des nombres incommensurables, telles $R\sqrt{2}$ côté du carré inscrit, $R\sqrt{3}$ côté du triangle équilatéral inscrit ; mais l'approximation donnée par le calcul est considérée comme satisfaisante, puisqu'on s'en contente.

Il y a bien aussi la détermination de la longueur de la circonférence ; elle est imprécise. Et cependant, si on prend un disque bien dressé, et qu'on fasse rouler sa tranche sur un plan, on a la conviction qu'on peut par une ligne droite mesurer le développement de la courbe. Mais l'on n'a pu mettre la théorie en harmonie avec la pratique.

D'ailleurs, ce n'est pas en vertu d'une *construction géométrique*, c'est-à-dire par la *méthode graphique*, qu'on a déterminé cette longueur approchée de la circonférence. **Il n'existe pas de ligne droite susceptible de la représenter**. On a, par un *problème de limites*, *problème algébrique*, cherché le rapport de la ligne courbe, circonférence, à son diamètre. *Par le calcul*, on a trouvé que ce rapport, qu'on appelle π, est égal à $3,1415926\ldots\ldots$, nombre incommensurable.

Mais la valeur $2\pi R$ de la circonférence, est-elle suffisante, au point de ne donner lieu dans *la pratique* à aucun mécompte ? Peut-être les constructeurs mécaniciens, par exemple, ne sont pas de cet avis. Ils constatent tous, depuis ingénieurs jusqu'à simples ouvriers, que, lorsqu'avec le plus grand soin on a tourné un plateau de quelque dimension, pour le transformer ensuite en roue dentée, la formule $2\pi R$ ne permet pas une division exacte de la circonférence du plateau. Force est bien de se résigner, il n'y a pas mieux ; on se résoud à admettre *l'erreur consentie*, c'est le palliatif. Mais les constructeurs développent dans la pratique leur circonférence pour la mesurer, au lieu d'utiliser la formule *empirique* $2\pi R$, suffisante seulement pour les petites mesures.

On pourrait encore constater un désaccord entre la théorie et la pratique dans la mesure de la surface de la sphère. Mais là encore la pratique supplée par des procédés manuels à la théorie.

Malgré ses défaillances, qu'on évite avec le plus grand soin de trop préciser, depuis des siècles, la Géométrie actuelle est si peu contestée, dans ses conclusions, que les recherches des savants ne portent jamais désormais sur les principes de la Géométrie élémentaire.

Et nous allons faire voir que si la conception de la *ligne idéale, de la surface idéale*, qui sont des *abstractions*, peuvent produire les résultats dont on s'est contenté jusqu'à ce jour, c'est cependant à *tout instant*, que la théorie géométrique est un désaccord avec la pratique. C'est à *tout instant que la théorie est incapable d'expliquer les constructions nécessitées par la pratique*.

Supposons qu'à un enfant, le professeur ait expliqué et démontré le théorème fameux du carré construit sur l'hypothénuse, et que, passant de la théorie à la pratique, le professeur invite l'enfant à construire un triangle avec trois réglettes de bois.

Supposons, pour ne pas trop compliquer le travail de l'apprenti, que le professeur donne les deux côtés de l'angle droit égaux entre eux.

Donc, trois réglettes de bois AB, CD, EF, étant données, dont deux, AB et BC sont égales, l'enfant doit : 1° assembler les deux premières baguettes à angle droit ; 2° calculer la longueur de l'hypothénuse DB qu'il devra couper sur sa baguette EF ; 3° assembler cette hypothénuse avec les deux autres côtés pour former son triangle (fig. α) (1).

Notre petit menuisier prend la baguette DC, place au moyen d'une équerre la baguette AB à angle droit sur DC, les extrémités C et A coïncidant. Au moment de placer une pointe au point A, il s'aperçoit que AB ne peut s'appliquer sur son établi, c'est-à-dire que les deux baguettes AB et DC, ne sont pas dans le même plan. On lui explique, *pratiquement*, qu'il doit entailler, à *mi-bois*, les extrémités C et A sur la largeur des baguettes (fig. β) (1).

Pourquoi ? La théorie ne lui a rien appris de semblable, puisque les droites AB et AD sont *des lignes idéales*, que le point A est lui-même formé par l'*intersection* idéale, *de deux lignes idéales*?

Sa construction étant réalisée, notre menuisier va calculer sa longueur BD, en vertu de la formule ; appelant a la longueur AB $=$ CD, il obtient : DB $= \sqrt{2a^2}$.

Il coupera donc sur EF une longueur égale à $a\sqrt{2}$.

Mais la règle EF, qu'on lui a donnée, a une *largeur;* cette largeur est-elle celle qui convient à sa construction, de manière que son triangle soit une figure harmonique ? Notre petit menuisier est incapable aussi bien que son professeur d'élucider le cas, la théorie est muette.

Il se contentera donc de prendre EF, telle qu'on la lui a donnée, et de la couper.

Il la présente alors pour l'assembler avec AB et AD, et il s'aperçoit qu'il ne peut la placer que dans la position DB indiquée dans la figure : et qu'il devra *supprimer à la scie, les petits triangles* b, b_1, d, d_1. Cette opération faite, la ligne BD ne sera pas dans la même surface que les lignes AB et AD (fig. β).

Pour réaliser ce résultat, il devra faire comme précédemment, c'est-à-dire, *entailler à mi-bois*, les baguettes DB, AB, AD. Mais il devra faire ces entailles suivant les points *parallélogrammes* b_2 et d^2 (fig. β).

Notre petit menuisier, pas plus que son professeur, ne pouvaient se douter, qu'il était *si compliqué d'assembler les trois côtés d'un triangle isocèle rectangle*. Et encore a-t-il fait peut-être une construction *grotesque*, car DB peut avoir trop de largeur, ou une largeur trop faible.

---

(1) Voir atlas de planches.

Et nous concluerons seulement, sans insister davantage : *que la Géométrie actuelle dans ses enseignements les plus simples, méconnaît les lois élémentaires de la pratique.*

La « *Théorie du point* » *matérialisant* les lignes, et les surfaces, précisera les règles qui doivent être identiques pour la Théorie et la pratique.

Nous reviendrons au cours de cette étude sur la construction de notre petit menuisier pour en expliquer toutes les phases.

La « *Théorie du point* » est une *géométrie nouvelle*, parce qu'elle solutionne théoriquement les constructions de la pratique, et parce qu'elle permet de résoudre les questions controversées, ou non résolues, exposées précédemment.

Paris, 31 décembre 1906.

NOTE DE L'AUTEUR. — Nous prions le lecteur, avant la lecture de l'ouvrage, de consulter la table placée à la fin du volume, et de faire, sur le texte, les corrections que cette table indique.

THÉORIE DU POINT

« Apprendre, c'est comprendre.

« Savoir, c'est pouvoir démontrer. »

PREMIÈRE PARTIE

Mesures des lignes, surfaces, et volumes rectilignes

LIVRE I

MESURE DES LIGNES DROITES

CHAPITRE PREMIER

Objet : **De l'étendue. — Définition de la géométrie** (1).

La Géométrie se définit : *La science de l'étendue.*

Qu'est-ce que l'étendue ?

L'Étendue, comme l'Espace, pris dans leur acception générale, impliquent l'idée d'*illimité*, d'*infini*. Or, pouvons-nous avoir la notion, la conception réelles de l'étendue illimitée, infinie? Autrement dit l'étendue, l'espace, sont des formes du langage qui nous servent à désigner une conception immatérielle qui n'a pas de limites, ou dont les limites sont à l'infini. Cette conception de l'étendue *immatérielle, illimitée, infinie,* est-elle exacte ?

Nous allons montrer que cette conception est illogique, en établissant que, si nous voulons, ce qui est son but, appliquer la géométrie à la mesure de la nature en général, ou à la mesure des corps qu'elle renferme, la nature dans son ensemble, les corps qu'elle renferme, ne peuvent nous donner d'autre impression que celle de l'étendue *limitée, mesurable.*

Lorsque nous regardons la voûte Céleste et les astres innombrables qui la peuplent, nous acquerrons la notion de l'immensité des espaces sidéraux, notion qui s'impose à notre esprit par la grandeur, comme on supposée, des distances énormes qui séparent notre astre propre des astres les plus proches. Fascinés par cette connaissance que l'astronomie nous enseigne, nous sommes enclins à considérer, comme étant hors de notre atteinte, de définir les dimensions des espaces célestes.

L'étude du Ciel, qui se poursuit sans relâche, nous révèle que par delà les astres accessibles à notre vue, d'autres astres existent que l'astronomie découvre à mesure que se développe la puissance des instruments mis en usage. Nous arrivons ainsi par une pente insensible et bien naturelle, semble-t-il, à la conviction qu'il n'est pas de limites à la profondeur de la voûte Céleste, et l'esprit humain se résigne à admettre l'Infini dans l'Espace, comme il admet l'Infini dans le Temps, comme il admet l'Infini dans le Nombre.

Mais n'est-ce pas là s'abandonner, de manière un peu inconsidérée, au double vertige de l'Espace et du

---

(1) Voir détail des matières à la table.

Nombre? En réalité, si nous voulons y regarder de plus près, nous acquerrons la notion, au contraire, que ces espaces, quelques immenses qu'ils nous apparaissent, sont des espaces *mesurables*.

L'astronomie nous a permis de mesurer la distance de la Terre au Soleil et à un certain nombre de planètes et d'étoiles. Or, ces résultats pour être particuliers à un petit nombre d'astres, dans l'état actuel de la science astronomique et de ses procédés de recherche, impliquent précisément que l'étendue céleste est mesurable ou susceptible d'être mesurée. En effet, si nous prenons à un moment déterminé, les distances angulaires qui séparent, pris deux à deux, trois astres dont la distance à la Terre est connue, nous pouvons avec ces éléments déterminer la pyramide formée par la Terre et ces trois points de l'Espace; nous pouvons mesurer le volume de cette pyramide, par conséquent mesurer une portion de l'Espace céleste.

Si nous pouvions déterminer la distance de la Terre à tous les astres visibles, et il est logique d'admettre qu'un jour viendra où l'Astronomie perfectionnant sans cesse ses instruments pourra réaliser ce résultat, nous pourrions mesurer la distance de la Terre à tous ces astres, et partant mesurer l'étendue de l'*Espace céleste visible*.

Que par de là ces astres actuellement accessibles à la vue, aidée de nos instruments, d'autres astres existent, nous devons seulement conclure que l'étendue céleste est plus grande encore que celle accessible à nos sens, mais cette étendue, *présentement* inaccessible, reste limitée.

Les espaces célestes sont immenses, mais leur étendue n'est pas infinie, elle n'est pas sans limites: elle nous semble seulement telle, parce que nos sens, aidés de nos instruments les plus puissants, ne peuvent atteindre à ces limites. Mais nous pouvons admettre, en présence des résultats acquis, que ces limites étant atteintes, l'étendue non accessible, deviendrait mesurable, de même qu'est mesurable l'étendue accessible actuellement. Du fait, donc, que nous pouvons mesurer une *portion* de l'étendue accessible, découle logiquement, que l'étendue accessible actuelle est susceptible de mesure, de même que l'étendue non accessible est susceptible d'être mesurée dans l'avenir.

L'étendue accessible, aussi bien que l'étendue inaccessible, ne peuvent donc nous donner l'idée d'*infini*, mais bien seulement celle d'*indéfini*.

La Nature, dans l'état actuel de la Science, ne nous impose pas la notion de l'étendue *illimitée*, mais au contraire nous laisse l'impression que l'étendue, dans son acception la plus large, est *limitée, mesurable*.

C'est à cette étendue que doit s'appliquer, pour la mesurer, la science appelée *Géométrie*. Ainsi comprise, qu'elle doive apprécier le tout ou la partie, la Géométrie doit se borner à la mesure de l'*Espace limité*, et nous dirons qu'elle a pour but : *de définir les propriétés des éléments rectilignes ou curvilignes qui entrent dans la composition des formes des corps que la nature renferme, pour arriver, par cette connaissance, à la notion exacte de la portion de l'Espace qu'ils occupent.*

On appelle *Volume*, en général, la portion de l'espace occupée par une masse matérielle sans qualification d'espèce. On appelle *Volume d'un Corps*, la portion de l'espace occupée par la matière dont ce corps est constitué.

Les éléments qui servent à la détermination du volume sont des *dimensions*. Une mesure quelconque, une longueur, par exemple, n'est pas toujours une dimension : *une mesure n'est une dimension qu'autant qu'elle entre comme facteur dans l'expression du volume du corps considéré.*

La *Géométrie* peut donc se définir : LA SCIENCE DES DIMENSIONS.

CHAPITRE II

Objet. Convention initiale base de la Géométrie. Le Volume (1).

C'est sous la forme *Volume, seule forme tangible*, c'est à dire *forme matérielle accessible à nos sens*, que se présentent à nous les corps de la nature, ou les espaces qui s'étendent entre eux. C'est donc, rationnellement, de l'idée de volume, que nous devons procéder, pour déterminer les éléments qui nous permettront d'apprécier le volume des corps, éléments que nous avons dénommés : *dimensions*.

La Géométrie dominée par l'idée abstraite de l'étendue, a créé pour l'appréciation du volume, une série d'abstractions nées de la première, abstractions dont il convient de débarrasser définitivement le terrain des études.

Un *volume*, quel qu'il soit, *se mesure au moyen de trois dimensions*, ou, pour parler plus exactement, *la mesure d'un volume quelconque peut toujours être effectuée au moyen de trois dimensions*.

La forme la plus simple du volume, est le *parallélipipède rectangle* (fig. 1) (2) dont les trois dimensions sont : L. longueur; H. hauteur; E. épaisseur.

Le volume de ce parallélipipède s'exprime par le produit des trois dimensions L. H. E.

$$V = L \times H \times E. \ (A).$$

Le *Cube* est la forme élémentaire du parallélipipède rectangle ; c'est le parallélipipède rectangle dans lequel les trois dimensions sont égales entre elles : L. = H. = E.

Nous pouvons toujours ramener la mesure d'un volume quelconque à celle d'un parallélipipède rectangle de même volume. Le litre, par exemple, est un décimètre cube d'eau : nous pouvons enfermer ce litre d'eau, indistinctement, dans un prisme, un cylindre, un cône, une pyramide, une sphère, le solide considéré reste *capable* de un décimètre cube. Autrement dit nous devons toujours *mesurer un volume par un volume*.

Or, pour nous amener à cette conception naturelle, *matérielle* du volume, la Géométrie actuelle, que nous appellerons *la Géométrie orthodoxe*, parce qu'elle est à la base de l'enseignement officiel, nous oblige à concevoir *l'irréel, l'abstrait*.

1° Dans la surface, conception abstraite du volume réduit à deux dimensions :

2° Dans la ligne qui n'a qu'une dimension :

3° Dans le point qui n'a aucune dimension.

Il importe d'ajouter que dans ces conceptions abstraites, *nous ne pouvons trouver la représentation dans la nature, qu'il nous est tout aussi impossible de matérialiser ces conceptions*. La feuille de papier la plus mince qui puisse être, ne peut nous donner l'idée d'une surface, elle est un volume puisqu'elle pèse un poids.

Pour amener l'esprit à la conception naturelle du réel, du tangible, puisque le but final de la Géométrie est la mesure des volumes, est il nécessaire de lui imposer la conception factice, non seulement, mais fallacieuse même, ainsi que nous allons le voir, de l'irréel, de l'intangible ?

(1) Voir détail des matières à la table.
(2) Voir Atlas, Planches et figures.

CHAPITRE III

Objet : Discussion de la formule générale algébrique $V = L \times H \times E$ exprimant la mesure du parallélipipède rectangle. *Dimensions utiles* servant à l'expression du volume (1).

Étudions la formule générale du volume :

$$V = L \times H \times E \ (A).$$

Ce volume nous pouvons le concevoir ramené à deux dimensions *utiles* (terme que nous allons définir), en faisant dans l'expression (A), $E = 1$, nous obtenons :

$$V = L \times H \times 1 \ (B).$$

formule que par *abréviation* et *convention* nous écrivons :

$$V = L \times H.$$

Mais cette convention sous-entend que la troisième dimension de la *Surface-Volume* que nous appelons *surface* est égale à l'unité. Nous appelons L et H les *dimensions utiles* de la surface-volume, parce que la troisième dimension $E = 1$ n'influence pas le produit $L \times H$.

Nous avons transformé la formule (A): $V = L \times H \times E$ en la formule :

$$\text{Surface-volume} = \text{Surface} = L = H \times 1 \ (B).$$

Mais si au lieu de faire dans (A) $E = 1$, nous considérons E comme dimension *inexistante*, $E = $ zéro ; V devient :

$$V = L \times H \times \text{zéro} = \text{zéro}.$$

C'est là l'abstraction mathématique que nous voulons mettre en relief, abstraction qui domine la géométrie actuelle, et complique son enseignement, quand elle ne le fausse pas.

Quand au contraire, nous faisons $E = 1$, nous pouvons admettre, et nous admettons 1, comme une quantité aussi petite que possible, infiniment petite même ; mais pour petite qu'elle soit, cette quantité 1 est quelque chose, c'est une *quantité positive*, c'est l'unité de mesure adoptée pour mesurer les dimensions L, H, E, car $L = L \times 1 : H = H \times 1 : E = E \times 1$.

La surface est un volume à deux dimensions utiles ce qui sous-entend que la troisième est égale à l'unité. *La surface est un volume dont une des dimensions est égale à l'unité.*

Du volume à deux dimensions utiles, nous pouvons passer au volume à une dimension utile, en faisant dans (B), $H = 1$; nous obtenons la *ligne volume*, que nous appelons simplement la ligne.

$$\text{Ligne volume} = \text{ligne} = L \times 1 \times 1 \ (C)$$

par abréviation et convention nous écrivons :

$$\text{ligne} = L.$$

La ligne est un volume dont deux dimensions sont égales à l'unité.
La dimension utile de la ligne est L.

____
1. Voir détail des matières à la table.

De la ligne volume nous pouvons passer au *point-volume* en faisant dans (C. L. = 1. Nous obtenons :

Point volume = Point = 1 × 1 × 1.

Par abréviation et convention nous écrivons :

Point = 1.

Le point est un volume dont les trois dimensions sont égales à l'unité; le point est un cube dont les dimensions égales sont égales à 1. La dimension utile du point est 1.

Désormais, au moyen du point-volume, nous pourrons mesurer la ligne volume; au moyen de la ligne-volume, nous pourrons mesurer la surface volume; au moyen de la surface volume, le volume d'un corps. Ce qui s'exprime : *La ligne est une sommation de points, la surface une sommation de lignes, le volume une sommation de surfaces. Autrement dit, nous mesurons un volume quelconque par un volume unité.*

CHAPITRE IV

Objet : Discussion de la forme géométrique du parallélipipède rectangle, forme matérielle du volume à 3 dimensions (1).

Nous avons, en partant de la formule *algébrique* du parallélipipède rectangle, défini algébriquement : la surface, la ligne, le point.

Partant de la forme *géométrique* du parallélipipède rectangle, nous allons définir les formes géométriques de la surface, de la ligne, du point.

Soit un parallélipipède rectangle ABCDEFGH. Ce parallélipipède est dit *rectangle*, parce que toutes les lignes, qui entrent dans la limite des surfaces qui circonscrivent son volume, sont perpendiculaires (2) entre elles et égales deux à deux (Fig. 1), que les surfaces que ces dimensions limitent, prises deux à deux, sont perpendiculaires entre elles : les faces sont des rectangles.

$$\text{Nous avons direction } DC = \text{direction } AB = L$$
$$BC = AD = H$$
$$CF = BI = E$$

Faisons $CF = BI = E$ égales à 1.

Le parallélipipède primitif devient la surface-volume $ABCDA'B'C'D'$. Elle est limitée par 4 lignes-volume égales deux à deux.

$$\text{Ligne } DCD'C' = \text{ligne } ABA'B' = L.$$
$$\text{Ligne } ADA'D' = \text{ligne } CBC'B' = H.$$

On peut dire aussi que cette surface-volume est déterminée par les 2 lignes $ABA'B' = L$, et $BCB'C' = H$, qui se coupent au point cubique B ; mais il faut bien entendre que cette surface déterminée par les deux lignes $ABA'B'$, $BCB'C'$ est une *surface limitée* aux dimensions respectives L et H de ces 2 droites, c'est-à-dire que, définir la surface par ces 2 droites, c'est sous-entendre les deux droites $DCD'C'$, $ADA'D'$ qui avec elles déterminent la surface rectangulaire *finie* $ABA'B'DCD'C'$. Sous cette réserve, dont nous verrons ci-après l'importance, nous pouvons dire : *Une surface est déterminée par 2 lignes qui se coupent.*

Deux droites qui se coupent déterminent un point.

Le point B est l'intersection des droites $ABA'B'$, $BCB'C'$, s'il est sous-entendu que *le point B est un point cubique*, car le point cubique B est l'intersection des 3 droites $ABA'B'$, $BCB'C'$, $BIB'I'$.

Nous pouvons de même déterminer la surface $ABGIA'B'G'I'$ par les deux lignes finies $ABA'B'$ et $BIB'I'$.

L'intersection des 2 surfaces-volume $ABCDA'B'C'D'$ $ABGIA'B'G'I'$ est la ligne-volume $ABA'B'$. Donc *deux surfaces qui se coupent déterminent une ligne*, langage qui signifie que l'intersection de deux surfaces (volume) est une ligne (volume).

Dans le parallélipipède rectangle ABCDEFGH, si nous considérons les surfaces (volume) $ABCDA'B'C'D'$, $BCFIB'C'F'I'$, $DCEFD'C'E'F'$, ces trois surfaces sont limitées par les lignes *dimensions* en fonction desquelles nous exprimons le volume du parallélipipède.

---

1. Voir détail des matières à la table.
2. Nous posons, dans ce chapitre, des définitions ; au chapitre suivant, nous étudierons les caractères auxquels on reconnaît que deux surfaces sont perpendiculaires l'une à l'autre, ou deux lignes perpendiculaires entre elles.

Dans la surface ABCD. DC = L et BC = H sont deux droites perpendiculaires entre elles ; dans la surface BCEF. CF = E. est perpendiculaire à BC = H ; dans la surface BCEF. CF = E est perpendiculaire à DC = L. Les 3 surfaces et les 3 dimensions sont donc perpendiculaires entre elles. les droites sont les intersections de 3 surfaces perpendiculaires entre elles.

Pour faciliter la désignation des volumes. surfaces. lignes et points. nous appellerons *plan*. *la face visible* de la surface ABCD ou de telle autre surface ; la ligne parallélipipède ABCDA'B'C'D' sera dans ce plan la ligne AB; le point cubique B sera le point B. DCD'C'. intersection des 2 surfaces ABCDA'B'C'D'. DCEFD'C'E'F', sera la ligne DC. intersection des 2 plans ABCD et DCEF. ou la *trace* du plan DCEF sur le plan ABCD (Fig. 2).

Moyennant cette convention dont nous connaissons la *valeur abréviatrice*. nous dirons que les droites dimensions qui servent à la mesure *du volume du parallélipipède rectangle ABCDEFGI, sont les traces de 3 plans perpendiculaires entre eux.*

Or. comme le principe ci-dessus exposé. base de la « *Théorie du point* » est de ramener la mesure d'un volume quelconque à celui du parallélipipède rectangle de même valeur. nous poserons cette loi générale que nous appellerons *loi des dimensions :*

Les dimensions qui servent à la mesure d'un volume quelconque. sont astreintes à la dépendance d'être les traces de trois plans perpendiculaires entre eux.

Il est sous-entendu que ces dimensions pour mesurer par leur produit un volume. c'est-à-dire une *quantité finie* ; doivent elles mêmes être des *droites finies*. intersection de *surfaces finies*.

Si. par exemple. nous prenons la direction du fil à plomb. c'est à dire la *verticale* comme direction de l'une de ces dimensions ou du plan qui la contient. nous dirons : la face ABCD. par exemple. du parallélipipède sera *verticale*, la face DCEF sera *horizontale*. c'est-à-dire perpendiculaire au plan vertical ABCD; le plan BCEF sera *vertical*. *perpendiculaire à la fois au plan ABCD et au plan DCEF*. nous l'appellerons *vertical latéral*.

Les droites dimensions DC = L ; BC = H : BI = E intersections de ces plans. seront L et E horizontales. H verticale.

Cette convention initiale étant posée devient une *loi immuable* qui ne doit pas souffrir d'exception. C'est à cette seule condition que la Géométrie peut être une Science exacte.

Or, implicitement. cette convention est à la base de la Géométrie orthodoxe ainsi que nous aurons à le constater, mais trop souvent. justement parce qu'elle n'est ni établie. ni formulée de manière précise. les mathématiciens et géomètres se sont affranchis de cette loi. C'est à cette cause qu'il faut faire remonter les paradoxes nombreux qui rendent décevante l'étude de la Géométrie. c'est parce que la loi des dimensions n'est pas respectée. que les volumes des solides de révolution ne peuvent être établis en fonction de leur surface ou de leur surface de révolution génératrice ; c'est parce que la loi des dimensions est mal précisée que la longueur de la circonférence ne peut être représentée par une droite de longueur finie. ni graphiquement ni algébriquement.

CHAPITRE V

Objet : **Mesure de la ligne droite** (1).

Soit le parallélipipède rectangle ABCDEFGI. Supposons que le plan ABCD soit vertical, c'est-à-dire que les deux droites AD et BC soient verticales, le plan de la face DCEF sera horizontal, le plan de la face BCIF sera vertical et perpendiculaire aux deux autres (fig. 2).

Une droite à mesurer peut être en entier contenue dans le plan ABCD et dans ce plan occuper l'une des positions :

1° *Verticale* telle AD ou BC.

2° *Horizontale* telle AB ou DC.

3° *Inclinée* par rapport à la verticale et à l'horizontale telle KL.

4° Elle peut aussi, n'appartenant pas au plan ABCD, être une *droite quelconque* du parallélipipède telle KM.

Pour mesurer une quelconque de ces droites nous nous servirons conformément à la loi des dimensions de points volume. Ces points seront des points cubiques de dimensions égales entre elles et à 1, les côtes égaux de ces points cubiques auront les mêmes *directions* que les *dimensions* AD = H, DC = L, CF = E du parallélipipède rectangle, c'est-à-dire que les dimensions de ces points seront *parallèles* (2) aux dimensions du parallélipipède rectangle.

Pour utiliser ces points à la mesure des droites, il faudra donc rapporter leurs dimensions à celles du parallélipipède rectangle. Mais pour ne pas avoir à reproduire constamment cette figure complexe, nous adopterons un dispositif qui simplifie la représentation des trois plans ABCD, DCEF, CBIF, dans lesquels se mesurent les dimensions du parallélipipède.

Nous avons dit qu'une surface était déterminée par deux lignes *finies* telles que AB et BC qui se coupent au point cubique B. Or, nous pouvons considérer ces deux lignes comme très grandes, déterminant ainsi une surface très grande, supérieure par exemple à celle de notre feuille de papier. Notre feuille de papier peut être donc une portion de cette surface très grande. En admettant par la pensée que notre feuille de papier soit verticale, sa face visible nous représentera un plan vertical tel ABCD (fig. 3).

Nous pouvons concevoir une 2° surface, très grande également, coupant notre feuille de papier, surface qui soit perpendiculaire au plan de la feuille et en même temps horizontale. L'intersection de cette surface avec le plan de notre feuille de papier sera une ligne horizontale de hauteur égale à 1, ligne surface dont la trace plane sera XY. Et de même, toutes les lignes, intersections de surfaces avec le plan de notre feuille de papier, seront des lignes rectangulaires, que nous pourrons figurer par des lignes représentées par un trait.

La ligne XY tracée horizontalement nous suffira donc à représenter les deux surfaces ABCD, CDEF de notre parallélipipède rectangle.

Si nous supposons un 3° plan perpendiculaire à la fois au plan vertical de notre feuille de papier, et au plan horizontal dont la trace est XY, la trace de ce plan sera, sur notre feuille de papier, une droite telle que BC de fig. 2, c'est-à-dire telle que MN de fig. 3, perpendiculaire à XY. Nous aurons ainsi représenté le plan BCIF. Et si nous voulons marquer la profondeur de ce plan, (3), c'est-à-dire figurer la dimension CF de notre parallélipipède, il nous suffira de concevoir un plan parallèle à celui de notre feuille de papier, situé de lui à

---

1. Voir détail des matières à la table.
2. Nous définissons ci-après la *parallèle*.
3. La notion du plan nous a permis de supprimer la 3e dimension épaisseur E = 1. Mais si nous avons à utiliser cette dimension au lieu du plan, nous suffira de conserver la surface volume.

la distance CF = E. La trace de ce plan sur le plan horizontal sera XY', et la trace du plan MN sur ce 2ᵉ vertical sera PQ.

Nous aurons ainsi obtenu une représentation simplifiée de notre parallélipipède rectangle, ou pour mieux dire, des 3 surfaces dans lesquelles doivent se mesurer les dimensions d'un volume quelconque, par les deux droites XY et MN.

Nous appellerons plan *vertical* ou *1ᵉʳ vertical*, le plan de notre lfeuille de papier, *plan horizontal* le plan figuré par XY, *vertical latéral* le plan figuré par MN, *2ᵉ vertical*, le plan dont la trace est XY', parallèle au 1ᵉʳ vertical.

Nous pourrons désormais rapporter à ces plans, des droites, des surfaces, des volumes pour les mesurer, nous appellerons ces plans : *plans de comparaison*.

§ I. — **Mesure d'une droite verticale**, telle BC du parallélipipède rectangle. (Fig. 4 *bis*).

Soit AB une droite verticale à mesurer. Elle est en entier comprise dans la surface-volume verticale dont le plan de notre feuille de papier est la face visible. (Fig. 4).

Elle est la trace, sur ce plan, d'un plan vertical latéral, c'est-à-dire perpendiculaire à la fois au plan vertical et au plan horizontal dont la trace est XY, elle est perpendiculaire à XY : comme BC est perpendiculaire à DC.

Appelons l, h, e, les dimensions d'un point cubique par analogie avec les dimensions H,L, E, du parallélipipède rectangle. Quand ce point cubique est unité de mesure, nous savons que $l = 1$, $h = 1$, $e = 1$.

Pour mesurer la ligne AB qui, intersection d'une surface avec le plan vertical, est une ligne surface, nous porterons *dans* cette ligne autant de points carrés de dimension $l = 1$, $h = 1$ qu'elle peut en contenir dans le sens AB, c'est-à-dire au dessus de l'horizontale XY. Nous superposerons ainsi 1, 2, 3, 4... H points. La mesure de la droite AB sera la *hauteur* du point B au-dessus de l'horizontale XY : elle sera égale à H.

H qui exprime une *dimension* est en réalité une *quantité* qui signifie que AB contient H points de dimension $h = 1$, dans le sens vertical. H est une notation conventionnelle dite notation *algébrique*, qui tient la place d'un nombre, lequel pourrait être 15 par exemple. L'algèbre permet de simplifier les calculs arithmétiques en supprimant les opérations complexes sur les nombres. Nous verrons au cours du développement de la théorie, *que l'algèbre n'est autre chose que la géométrie appliquée, la géométrie sans graphique.*

En mesurant la droite AB, nous avons ajouté 15 dimensions h égales à 1. Nous avons fait une opération arithmétique qui s'appelle une *addition*. 15 est le résultat arithmétique de cette opération. H est le résultat algébrique. Nous pouvons ainsi déjà percevoir que *géométrie, arithmétique, algèbre ne sont qu'une seule et même science. L'algèbre traduit, en notations plus simples que l'arithmétique, les constructions ou mesures graphiques de la géométrie.*

La ligne AB est, dans le plan de comparaison, une ligne de longueur $H \times 1 = H$, mais cette ligne contient H points carrés de surface 1×1, elle est une ligne surface rectangulaire dont la mesure réelle est $H \times 1 \times 1$. 1×1 se note algébriquement, ainsi que nous le verrons ci après, 1^2, ce qui exprime le carré construit sur la dimension 1. $H \times 1^2$ exprime que la surface de la ligne AB se compose de H points de surface 1^2, c'est à dire de H points carrés de dimension 1.

Nous dirons que la *ligne AB se mesure en fonction du point élémentaire de dimension* 1.

Par *abréviation* et *convention* nous écrivons $H \times 1^2 = H$, parce que le facteur 1^2 ne modifie pas la valeur du produit.

Si, au lieu du plan vertical, nous considérons la *surface volume verticale* dont l'épaisseur est $e = 1$, dans cette surface-volume, la droite AB est un parallélipipède rectangle, qui se mesure par le point cubique de dimension 1, dont le volume est $1 \times 1 \times 1 = 1^3$: la longueur de AB sera toujours la hauteur du point B au-dessus de XY, c'est-à-dire H, exprimant ainsi que la ligne AB contient H points cubiques de volume 1^3.

La surface-volume de AB sera donc $H \times 1^3$, c'est-à-dire que la *droite AB se mesurera en fonction du point cubique élémentaire du parallélipipède rectangle.*

La droite AB, considérée en volume ou en surface est donc une *sommation* de points; autrement dit nous mesurons un volume par un volume élémentaire 1^3, une surface par une surface élémentaire 1^2.

§ II. — Mesure d'une ligne horizontale.

Soit AC la ligne à mesurer; elle est la ligne DC du parallélipipède rectangle; supposons-la égale à AB. (Fig. 4 et fig. 4 *bis*).

Pour mesurer AC, nous porterons dans cette ligne le nombre de points carrés de dimensions 1, qu'elle peut contenir, en juxtaposant ces points le long de la direction XY. Quand nous aurons porté H de ces points nous aurons mesuré la ligne $AC = AB$.

Mais pour distinguer les 2 droites AC et AB, considérant que la direction de AC est marquée par la dimension l du point carré, laquelle dimension $= h = 1$, nous dirons que AC contient L points de dimensions 1, nous dirons que :

$$\text{la longueur de la droite AC est } L \times 1 = L$$
$$\text{sa surface est } L \times 1^2 = L$$
$$\text{son volume est } L \times 1^3 = L$$

Par *abréviation* et *convention*.

La droite AC, est la droite XY, intersection du 1er vertical et du plan horizontal; (DC du parallélipipède rectangle); elle est perpendiculaire au vertical latéral dont la trace dans le parallélipipède rectangle est BC. (Fig. 4 *bis*).

Si nous considérons les droites AB et AC, que nous venons de mesurer par rapport aux 3 plans de comparaison :

AB appartient à la fois au plan vertical et au vertical latéral, puisqu'elle est l'intersection de ces deux plans; dans ces deux plans, sa mesure est égale à H, hauteur verticale du point B au-dessus du plan horizontal passant par A.

On dit que H est la *projection verticale* de AB.

Sur le plan horizontal la droite AB a pour mesure la dimension $l = 1$ de son point. On dit que $l = 1$ est la *projection horizontale* de la droite AB.

Les plans de comparaison par rapport auxquels on mesure les projections de la droite AB sont aussi appelés *plans de projection*.

Nous voyons que pour trois plans de projections, nous n'avons que deux projections distinctes de la droite AB, car les deux projections sur le 1er vertical et le vertical latéral se confondent.

A considérer la droite AC : sa *projection sur le plan vertical* est égale à L; sa projection sur le plan horizontal est également égale à L; L est la *projection horizontale* de AC, car L horizontale dans le plan XY est une horizontale dans le plan vertical (1er vertical). La projection de AC *sur le vertical latéral* est $h = 1$, mais cette projection appartient aussi au 1er vertical, $h = 1$ est la *projection verticale* de AC.

Nous pouvons maintenant définir par leurs propriétés une verticale et une horizontale.

Une verticale AB est une droite telle, que la hauteur de son extrémité B, au dessus du plan horizontal passant par A, soit égale au nombre de points que sa projection verticale contient, et que sa projection horizontale soit égale à la dimension $l = 1$ de son point.

On dit de la droite AB — il qu'elle est la *projetante* du point B sur le plan horizontal. Elle mesure la distance de B au plan horizontal passant par A.

Une horizontale telle que AC est une ligne dont la distance de son extrémité A, au vertical latéral passant par C, est égale au nombre de points L que contient sa projection, et dont la projection verticale est égale à la dimension $h = 1$ de son point.

AC est la *projetante* verticale du point A. Elle mesure la distance de A au plan vertical passant par C.

La trace de BA sur le plan horizontal est égale à sa projection $l = 1$; considérée comme ligne-volume, la trace de BA sur le plan horizontal est un carré de dimensions 1, de surface 1^2, on dit de la droite BA dont la trace sur le plan horizontal est égale à la dimension de son point élémentaire qu'elle est *perpendiculaire au plan horizontal*.

De même la droite AC est *perpendiculaire au vertical-latéral passant par C*.

Mais les deux droites BA et AC se rencontrent au point A. Elles sont les traces de deux plans, l'un vertical, l'autre horizontal. Les projections respectives de ces droites, l'une sur l'autre, sont égales à la dimension de leur point élémentaire. On dit des droites BA et AC qu'elles sont *perpendiculaires entre elles*.

Deux droites perpendiculaires entre elles se projettent l'une sur l'autre sous la dimension de leur point.

Élevons au point C une deuxième verticale CD; nous la mesurerons comme AB, et nous trouvons qu'elle contient un nombre de points H' > H. Nous dirons que le point D, est situé à une plus grande distance du plan horizontal que le point B. DC est donc plus grande que BA.

Prenons sur CD, un point E tel que sa distance au plan horizontal soit égale à H, nous aurons CE = AB.

Joignons BE. La droite BE passe par deux points dont les dimensions *l* sont à la même hauteur au dessus du plan horizontal AC, on dit que les dimensions *l* des points B et E sont *parallèles* à AC. Or, les dimensions *l* de tous les points de la droite BE sont dans le prolongement des dimensions *l* des points de B et E. On dit que la droite BE est *parallèle* à AC. En effet, on peut construire tous les points de la droite BE, en élevant en tous les points de AC, des perpendiculaires égales à H.

Les deux droites dont tous les points sont séparés par des distances égales entre elles et à H ne peuvent se rencontrer.

Les deux droites BE et AC sont parallèles parce qu'elles sont partout équidistantes; elles ne peuvent se rencontrer.

La droite BE, contenant le même nombre de points que AC, est égale à AC.

Or, par un raisonnement analogue, nous établirions que AB, verticale égale à CE, est parallèle à CE.

Donc, 1° *deux droites perpendiculaires à une même droite sont parallèles entre elles*:

2° *Deux droites verticales comprises entre deux droites horizontales sont égales, parce que ce sont des parallèles comprises entre parallèles.*

Si nous considérons les points B et E dans la surface volume verticale, les dimensions de ces points cubiques seront des directions fixes, immuables; la droite BE qui les unit est une portion de la surface-volume bien définie et une seule droite dans la surface-volume peut être menée du point B au point E.

Donc, *par le point B de BA, situé dans la même surface volume que la droite AC, on ne peut mener qu'une droite parallèle à AC*, parce qu'il n'est qu'une droite, qui puisse être, dans la surface déterminée par ces deux droites, perpendiculaire à AB au point cubique B.

Donc, *par un point d'une verticale, on ne peut mener qu'une parallèle à une horizontale située dans son plan* c'est-à-dire *dans la même surface volume*.

Nous pouvons considérer aussi le point B comme un point isolé de la surface volume. Les dimensions de ce point sont parallèles aux plans de comparaison, donc la droite qui prolongera la dimension horizontale *l* de ce point sera parallèle à AC et cette droite sera unique, car si nous faisons passer par la dimension *h* de ce point une verticale, cette verticale sera la seule perpendiculaire qu'on pourra élever sur la dimension *l*.

Donc, *par un point extérieur à une droite, on ne peut mener qu'une seule parallèle à une droite située dans le plan* c'est à dire *dans la surface volume déterminée par ce point et cette droite.*

La figure ABCE dans laquelle AB = AC = BE = CE, est un *carré*.

Si, en un point G de AC, nous élevons une perpendiculaire, cette droite coupera BE au point F. Nous aurons AB = GF, BF = AG: les droites perpendiculaires entre elles de la figure BAGF sont égales deux à deux. La figure est un *rectangle*.

Si nous joignons BD, la figure ABDC est un *trapèze*. Dans cette figure, les côtés AB et CD sont seuls parallèles entre eux, les deux autres ne le sont pas.

Les deux droites AB et CD sont les traces de deux plans verticaux latéraux, perpendiculaires au 1ᵉʳ vertical et au plan horizontal de trace XY ou AC. Ces plans sont parallèles entre eux, puisque, figurés en surface volume, les dimensions épaisseur de ces surfaces, $e = 1$, sont parallèles entre elles. *Ces deux plans sont donc parallèles entre eux* et leur distance est mesurée par les horizontales égales et parallèles AC et BE.

De même, AC et BE sont les traces de deux plans horizontaux parallèles entre eux, dont la distance est mesurée par les droites BA et CE, verticales et égales.

Donc, deux plans parallèles entre eux sont partout équidistants.

La projection verticale d'une droite mesure la distance de deux plans horizontaux passant par ses extrémités.

La projection horizontale d'une droite mesure la distance de deux plans verticaux passant par ses extrémités.

La droite AC est une horizontale, la droite AB est perpendiculaire à AC. Or, AC étant horizontale, les dimensions l et e de son point sont dans le plan horizontal et déterminent, par leurs directions prolongées, la direction de ce plan. La droite AB, perpendiculaire à AC est donc perpendiculaire au plan horizontal.

Le plan formé par les deux droites AB et AC est donc perpendiculaire au plan horizontal, et les surfaces que ces droites, ou portions de ces droites, limitent, sont perpendiculaires au plan horizontal : telles sont les surfaces, carré ABEC, rectangle ABFG, trapèze ABDC. Ces surfaces sont des surfaces *verticales*, parce que les droites qui les limitent, dans le plan vertical, sont verticales.

§ III. — Mesure d'une droite *inclinée* par rapport à la verticale et à l'horizontale.

On dit qu'une droite est *inclinée*, par rapport à une autre droite ou à un plan, quand elle n'est ni *parallèle* ni *perpendiculaire* à cette droite ou à ce plan.

Cette droite est la droite KL du parallélipipède rectangle ; elle est dans le plan de la face ABCD, mais inclinée dans ce plan à la fois par rapport à l'horizontale DC et à la verticale BC. C'est dire que, située dans le 1ᵉʳ vertical, elle est inclinée dans ce plan à la fois par rapport au plan horizontal et au vertical latéral (fig. 5 *bis*).

Soit A_2B_2 cette droite (fig. 5) et supposons qu'elle ait la même longueur que la droite AB verticale, que la droite AC horizontale, c'est à dire que si nous portons dans A_2B_2 *suivant sa direction* le nombre de points, de dimensions, $l = 1$, qu'elle peut contenir, le nombre de ces points sera égal à L, lui même égal à H.

Par ce procédé de mesure nous obtenons la *longueur linéaire* de la droite A_2B_2, mais cette longueur n'est pas une **dimension**, *parce que pour la mesurer nous n'avons pas obéi à la loi des dimensions*, loi qui veut que les dimensions du point unité de mesure de toute droite faisant partie de la surface B_2A_2Y, soient parallèles aux traces des plans de comparaison ou de projection, c'est-à-dire parallèles à XY et à A_2Z.

Or, supposons que nous voulions ramener les dimensions du point unité, avec lequel nous avons mesuré la *longueur linéaire* de A_2B_2, à être parallèles aux traces des plans de comparaison : supposons que nous voulions ramener la dimension $ab = 1$, à être parallèle à XY, l'autre dimension $bc = 1$ deviendra verticale. Pour atteindre ce résultat il nous suffira de faire tourner la droite A_2B_2 autour du pont A_2 : lorsque ab sera horizontale, la droite AB aura pris la direction A_2Z verticale : le point B_2 sera en B_4 sur cette verticale à une distance H du point A_2. Mais nous trouverons la hauteur véritable du B_2 au-dessus de XY en menant par B_2 une parallèle à XY. C'est-à-dire que le nombre de points qui marque la *hauteur* de B_2 au dessus du plan horizontal, est représenté par la droite $B_4B_5 = B_5A_2 = H$.

B_2B_3 est la *projection verticale* de A_2B_2, c'est la dimension de A_2B_2 dans le plan vertical. Elle mesure dans le plan vertical la droite A_2B_2, *en fonction du point élémentaire du parallélipipède rectangle dont la droite A_2B_2 est une portion du volume.*

Nous remarquons que cette projection B_2B_3 est à la fois la projection de A_2B_2 dans le 1ᵉʳ vertical et sur le vertical-latéral, c'est à dire le vertical passant par B_2.

De même la *projection horizontale* commune au plan vertical et au plan horizontal est A_2B_4. A_2B_4 est la dimension de A_2B_2 dans le plan horizontal.

— 13 —

Autrement dit une *droite inclinée se mesure, par ses projections sur deux plans perpendiculaires entre eux* passant par ses extrémités, plans assujettis, conformément à la loi des dimensions, à être parallèles aux plans de comparaison du parallélipipède rectangle, c'est-à-dire du volume dont la droite fait partie.

En mesurant ainsi les dimensions verticale et horizontale de A_2B_2 sur deux plans perpendiculaires entre eux passant par les extrémités de A_2B_2, nous n'avons fait qu'appliquer le principe qui nous a permis de mesurer les droites AB et AC. Nous avons défini que la projection horizontale de AB sur le plan XY passant par son extrémité A est égale à $l = 1$, mais le plan vertical passant par l'extrémité B se confond avec la direction de AB. Autrement dit AB est sa propre projection verticale sur le 1ᵉʳ vertical, et le vertical latéral.

Nous ferions un raisonnement analogue pour AC.

La projection verticale B_3B_2 de A_2B_2 est la *projetante horizontale* du point B_2. Elle mesure la hauteur de B_2 au-dessus du plan horizontal XY.

De même A_2B_3 est la *projetante verticale* de A_2. Elle mesure la distance de A_2 au vertical-latéral dont la trace est B_3B_2.

Généralisant la mesure d'une droite quelconque située dans le plan vertical, nous dirons que : *les dimensions d'une droite*, suivant le plan où il y a lieu de la considérer, *se mesurent par ses projections sur deux plans perpendiculaires entre eux passant par ses extrémités, plans astreints, suivant la loi des dimensions, à être parallèles aux plans de comparaison du volume dont la droite fait partie.*

Cette distinction de la *valeur linéaire* d'une droite et de sa *dimension*, est capitale. Si nous prenons pour valeur de la droite sa longueur linéaire, nous *transposons* les plans de projection par rapport auxquels nous avons mesuré les droites AB et AC, qui font partie du même volume parallélipipède rectangle que la droite A_2B_2. Ces plans transposés ont pour trace, l'un la direction A_2B_2, l'autre la droite XY perpendiculaire à A_2B_2. Les valeurs ainsi obtenues ne seraient plus comparables entre elles, *elles ne représenteraient pas la portion réelle correspondante du volume du parallélipipède, puisque le point élémentaire de mesure, commun à AB et AC serait différent pour* A_2B_2.

Nous verrons ci-après la consécration rigoureuse de la méthode dans la mesure des surfaces; nous établirons en effet *qu'une droite quelconque n'entre, comme facteur dans la mesure de la surface quelle limite, que par la valeur de sa projection, c'est-à-dire par sa dimension et non par sa longueur linéaire.*

Nous reviendrons au livre 1ᵉʳ de la 2ᵉ partie sur la mesure de la droite inclinée quand nous étudierons la construction et la mesure de la droite A_2B_2 en fonction de ses projections.

Prenons sur la droite XY un point A'_2 et prolongeons la droite horizontale B_3B_2. Du point A'_2 comme centre avec une ouverture de compas égale à A_2B_2 décrivons un arc de cercle. Cet arc coupera la ligne B_3B_2 prolongée en un point B'_2. Si nous joignons $A'_2B'_2$ nous obtenons une droite égale à A_2B_2 comme longueur linéaire. Cette droite a des projections égales à A_2B_2, car B_3B_2 et $B'_3B'_2$ sont égales comme parallèles verticales comprises entre 2 horizontales; elles mesurent la distance de 2 plans parallèles dont les traces sont B_3B_2 et XY. De même et pour les mêmes causes $A'_2B'_3 = A_2B_3$ (fig. 5).

On dit que les droites B_3B_2 et $B'_3B'_2$, que A_2B_3 et $A'_2B'_3$ projections de même nom des droites A_2B_2 et $A'_2B'_2$, sont des droites *homologues*.

Nous concluons que *deux droites égales et également inclinées dans la même surface, ont des projections homologues égales entre elles. Et réciproquement. Deux droites situées dans la même surface qui ont des projections homologues égales, sont égales entre elles et également inclinées.*

Si nous considérons la projection horizontale de $A'_2B'_2$ elle est la ligne A'_2B_2 laquelle se compose de deux parties $A'_2B_4 + B_4B'_2$. Or, $B_4B'_2 = B_3B'_2$ comme portion d'horizontales comprises entre deux verticales.

De même la projection horizontale de A_2B_2 se compose de $A_2A'_2 + A'_2B_2$.

Ces deux projections ont une partie commune A'_2B, et elles sont égales entre elles; nous devons conclure que les parties non communes sont égales. En effet, nous pouvons poser :

$$A'_2B' = A'_2B'_2 - B'B'_2 \qquad (1)$$
$$A_2B_2 = A_2A'_2 + A'_2B \qquad (2)$$

Retranchons (2) de (1) sachant que $A'_2B'_2 = A_2B_2$, nous obtenons $A_2A'_2 = B'B'_2$.

Mais d'autre part $B'B = B_2B'_2$.

Donc $A_2A'_2 = B_2B'_2$.

Ces deux droites sont égales et elles sont parallèles comme horizontales situées dans le même plan.

Si nous considérons les droites A_2B_2 et $A'_2B'_2$ leurs extrémités sont équidistantes dans les plans horizontaux XY et BB'_2, de plus elles sont les traces de deux plans. Pour mesurer la distance de ces deux plans nous devons abaisser de B_2 une perpendiculaire B_2b_2 sur $A'_2B'_2$, du point A'_2 une perpendiculaire $A'_2a'_2$ sur A_2B_2. Or, considérons la surface formée par les 4 droites A_2B_2, $B_2B'_2$, $B'_2A'_2$, A'_2A_2, comme une surface isolée, les droites B_2b_2 et $A'_2a'_2$ sont dans cette surface les projections homologues des deux droites égales $B'B$ et $A_2A'_2$ sur deux plans perpendiculaires entre eux passant par leurs extrémités, plans parallèles entre eux. Donc ces projections sont égales : $B_2b_2 = A'_2a'_2$. Or, elles mesurent la distance des deux plans dont les traces sont A_2B_2 et $A'_2B'_2$. Donc, ces deux plans sont équidistants et leurs traces sont parallèles entre elles.

Or, les deux droites A_2B_2 et $A'_2B'_2$ égales et parallèles sont comprises entre deux droites égales et parallèles $B_2B'_2$ et $A_2A'_2$; nous conclions :

Deux lignes droites égales comprises entre parallèles sont parallèles entre elles.

Deux droites parallèles comprises entre parallèles sont égales.

L'arc de cercle décrit de A'_2 comme centre, avec A_2B_2 pour rayon, couperait la droite $B_2B'_2$ prolongée en un 2 point: la droite déterminée, ainsi que nous le verrons ci-après, serait égale à A_2B_2 et aurait des projections homologues égales, mais elle ne serait pas parallèle à A_2B_2. (1).

La figure $A_2B_2B'_2A'_2$ formée par 4 droites égales et parallèles deux à deux est un *parallélogramme*.

Le parallélogramme, quadrilatère limité par 4 droites égales deux à deux, et parallèles deux à deux, est une surface inclinée dans le plan vertical, parce que les droites A_2B_2 et $A'_2B'_2$, qui le limitent, sont inclinées dans le plan vertical. Cette particularité distingue le parallélogramme $A_2B_2B'_2A'_2$ de la figure $B_2B'_2B'B$, qui est un *rectangle*, surface verticale dans le plan vertical.

La droite $B_2B'_2$ est parallèle à $A_2A'_2$: elle se confond avec l'horizontal $B_2B'_2$ passant par le point B_2. Or, par le point B_2 de la droite B_2B point qui appartient également à la droite A_2B_2, on ne peut mener à XY qu'une parallèle.

Donc, *par un point d'une droite on ne peut mener qu'une parallèle à une droite donnée dans le plan ou la surface déterminée par ces deux droites.*

La droite B_2B est perpendiculaire à XY, son point B_2 appartient à la fois à la droite A_2B_2 et à la verticale B_2B. Or, du point B_2 on ne peut élever sur XY qu'une seule perpendiculaire B_2B, donc, réciproquement du point B on ne peut abaisser sur XY qu'une seule perpendiculaire B_2B.

D'un point extérieur à une droite on ne peut abaisser qu'une seule perpendiculaire sur cette droite, dans la surface ou le plan que ce point et la droite déterminent.

La droite B_2A, menée de B à XY, est une oblique. L'éloignement du pied A_2 de cette oblique, du pied B_2 de la perpendiculaire B_2B, est égale à la projection horizontale de A_2B_2.

La droite A_2B est dans le même plan que les 2 droites B_2B_2 et A_2B_2 ses proportions. Or, le plan déterminé par les droites B_2B et B_2A est perpendiculaire au plan horizontal. Donc, le plan déterminé par les 2 droites A_2B_2 et A_2B est perpendiculaire au plan horizontal. De même aussi la surface $A_2B_2B'_2A'_2$ est perpendiculaire au plan horizontal. Mais cette surface est une surface oblique dans le plan vertical ZA_2Y.

(1) Voir ci-après page 16.

parce que les deux droites A₂B₂, A'₂B'₂, qui la limitent sont obliques par rapport au plan horizontal XY. La surface A₂B₂A'₂B'₂ est *une surface inclinée dans le plan vertical*.

Nous vérifions que l'intersection de deux plans perpendiculaires entre eux, est une droite dont la projection est égale à la longueur linéaire (droite AC, fig. 4, droites A₂B₂, A'₂B'₂, A₂A'₂, fig. 5).

§ IV. — **Mesure d'une droite quelconque,** telle que KM, n'appartenant pas à la surface ABCD, mais appartenant au volume du parallélipipède rectangle (fig. 7 *bis*).

Soit A₂B₂ la droite à mesurer. Cette droite n'est pas dans le 1ᵉʳ vertical, son pied A₂ seul, est dans ce 1ᵉʳ vertical, et s'il n'y était pas, il serait toujours possible de faire passer par A₂ un plan vertical parallèle au 1ᵉʳ vertical (fig. 7).

Le cas particulier de cette droite est d'appartenir au volume intérieur du parallélipipède et non aux faces qui limitent ce volume. Si nous cherchons le plan qui la contient, nous pouvons nous rendre compte que ce plan incliné, par rapport au 1ᵉʳ vertical et au plan horizontal, restera perpendiculaire au vertical latéral.

En effet, si nous faisons tourner la face ABCD du parallélipipède autour de DC, le plan vertical ABCD deviendra un plan incliné par rapport à ABCD vertical, à DCEF horizontal, mais restera perpendiculaire à BCIF vertical latéral. Ce plan contiendra la droite KM (fig. 7 *bis*).

Si nous considérons la représentation de nos plans de comparaison, nous avons pu les représenter par les lignes XY et MN (fig. 2), dans les cas qui ont fait l'objet des mesures des droites de la surface ABCD. Cette représentation nous a suffi, parce que les projections sur le 1ᵉʳ vertical et sur le vertical latéral des droites, telles que BC, CD, KL, contenues dans la surface ABCD, sont communes : le vertical latéral est représenté par sa trace et cette trace est la projection verticale commune à toutes les droites.

Mais, dans le cas de la droite KM, si le pied K de la droite est dans un 1ᵉʳ vertical, son extrémité M est dans un 2ᵉ vertical : la distance de ces 2 plans verticaux marque en même temps la profondeur du vertical latéral. Ce plan est désormais insuffisamment représenté par la droite verticale MN, nous devons figurer ce plan par ses deux traces, la première sur le vertical contenant le point K, la deuxième sur le vertical contenant le point M.

Or, quand nous examinons la projection d'une droite sur un plan, nous devons nous placer perpendiculairement à ce plan. Si nous nous plaçons face au plan vertical dans le plan horizontal, notre œil sera placé en même temps dans le vertical latéral qui sera vu par nous suivant sa tranche, c'est à dire qu'il se projettera toujours suivant la droite MN (fig. 2).

Mais, si nous voulons nous détacher de la représentation restreinte, qui est celle de notre feuille de papier, et nous placer au milieu de la nature, au centre d'un paysage, par exemple, que nous voulons représenter, notre conception de la mesure des lignes, tout en restant la même, va nous permettre de prendre notion de lois particulières, qui sont *les lois de la perspective*, et, en vertu de ces lois, il va nous être possible de représenter, par une surface, le vertical latéral.

Soient dans la nature 3 arbres, A, B, C : joignons les points A, B, C. L'observateur, étant placé au point A dans le vertical AB, regardant normalement le vertical passant par le point C, dont la trace sur le plan de comparaison horizontal AB est CD, voit dans ce plan le point C. De son point A d'observation, la ligne CB est une oblique (fig. 6).

Mais s'il se transporte au point B et qu'il regarde le vertical du point C, ce point lui apparaît, suivant la direction BC', perpeniculaire à AB. Donc le point C, qui du point A lui apparaît dans le plan Z'CBZ, est en réalité dans le plan BZ, quand il le considère du point B. Ce sont les lois de la perspective naturelle, qui lui font apparaître le point C hors de la position réelle. *La ligne CB est donc en réalité perpendiculaire à AB, quoique vue obliquement par l'observateur du point A.*

En construisant notre dessin suivant les lois de la perspective, nous pourrons donc représenter le vertical latéral par un plan oblique, c'est-à-dire par une trace horizontale CB, inclinée sur les traces AB et CD, et par 2 verticales BZ et CZ'. La droite CB du terrain, figurée par une oblique, est en réalité perpendiculaire aux traces AB et CD. Toute droite perpendiculaire aux traces AB ou CD, sera donc représentée sur le dessin par une droite parallèle à CB.

Cette représentation conventionnelle, conforme aux lois de la perspective, nous permettra de tracer les projections de A_1B_1 dans les 3 plans de comparaison. C'est cette représentation conventionnelle que nous utilisons pour représenter le parallélipipède rectangle ABCDEFGI.

Faisons passer par B_1 un plan vertical parallèle à XY : sa trace sera X'Y' sur le plan horizontal. Par le point B_1 faisons passer un plan vertical latéral, l'intersection de ce plan avec le 2ᵉ vertical sera B_2Z', avec le 1ᵉ vertical CZ, avec le plan horizontal B_2C (fig. 7).

Nous constatons de suite que la projection verticale de cette droite A_1B_1 est B_1B_2 qui se mesure en effet par le point élémentaire de dimensions $h = 1.l = 1$, dont les traces sont parallèles aux plans de projection. B_1B_2 mesure la hauteur du point B_1 au dessus du plan horizontal de comparaison. (Ce plan horizontal de comparaison figuré par les droites XY et X'Y' est lui même représenté en perspective comme le vertical latéral. Il semblerait qu'il suffise de joindre A_1B_2 pour obtenir la projection horizontale de A_1B_1. Mais la droite A_1B_2 est une droite analogue à A_1B_1 (fig. 5), elle est inclinée dans le plan horizontal, par rapport au 1ᵉ et 2ᵉ vertical et par rapport au vertical latéral. Cette droite se mesure donc par ses projections sur le 2ᵉ vertical et sur le vertical latéral. Ces projections s'obtiendront en projetant par une perpendiculaire $A_1A'_1$ le point A_1 sur le plan vertical de trace X'Y' : nous obtiendrons en A'_1B_2 la projection horizontale de A_1B_1 dans le 2ᵉ vertical; en abaissant une 2ᵉ perpendiculaire de A_1 sur le vertical latéral nous obtiendrons B_2C, projection horizontale de A_1B_1 sur le vertical latéral.

La droite A_1B_1 a donc 2 projections verticales qui se confondent en une seule droite B_1B_2, et 2 projections horizontales A'_1B_2 et B_2C.

Pour obtenir les projections A'_1B_2 et B_2C de A_1B_1 que nous appellerons *projections réelles*, nous devons faire la projection sur les 2 verticaux de la droite A_1B_1 que nous appellerons *projection primaire*.

La droite A_1B_1 peut donc être mesurée par 3 dimensions, suivant que nous cherchons sa mesure, entre deux plans verticaux (1ᵉ et 2ᵉ vertical) passant par ses extrémités (dimension B_2C), ou entre 2 plans horizontaux passant par ses extrémités (dimension B_1B_2), ou entre 2 plans verticaux latéraux passant par ses extrémités (dimension A'_1B_2). Mais considérée en projection sur chacun des 3 plans de projection, A_1B_1 se mesure dans chacun d'eux par ses projections sur 2 plans perpendiculaires entre eux passant par ses extrémités, *mais dans ce cas les extrémités de la droite sont les extrémités de ces projections*. En effet, sur le 2ᵉ vertical, la droite A_1B_1 se mesure par B_1B_2 et $B_2A'_1$; sur le plan horizontal par CB_2 et $B_2A'_1$; sur le vertical latéral par CB_2 et B_1B_2. Nous voyons que ces trois systèmes de projection ont une droite commune: par conséquent, les projections de A_1B_1 sur *deux* plans de comparaison suffisent à déterminer ses trois dimensions.

La mesure d'une droite telle A_1B_1 ne nous sera utile que dans la mesure des volumes, qu'on appelle en géométrie des solides, volumes dans lesquels la 3ᵉ dimension, E, entre dans l'expression de leur mesure.

Si nous prenons sur XY un point A_2, et que de ce point comme centre, avec une ouverture de compas égale à A_1B_1, nous traçons un arc de cercle, cet arc coupera PQ, horizontale passant par B_1, au point B_3. La droite A_2B_3 est située dans le même plan que la droite A_1B_1, elle est parallèle à A_1B_1 dans ce plan et elle est de même longueur linéaire. Il est aisé de voir :

1. Que les projections primaires homologues de A_1B_1 et de A_2B_3 sont égales entre elles;

2. Que les projections réelles homologues de ces droites sont égales entre elles.

Si nous vérifions à nouveau que *deux droites égales et également inclinées dans la même surface ont des projections homologues égales entre elles.*

Qu'à des projections homologues égales, correspondent des droites de même longueur linéaire et également inclinées dans la même surface.

Comme dans le cas de la droite A_1B_1 (page 13), inclinée dans le plan vertical, l'arc de cercle décrit de A_2 comme centre, couperait la trace PQ en un 2ᵉ point B_4, la droite A_2B_4 serait égale à A_1B_1, à A_2B_3, mais elle ne saurait être parallèle à ces droites, puisqu'elle a avec A_2B_3 un point commun. Or, la propriété de deux parallèles est d'être équidistantes, partant de ne pouvoir se rencontrer. On dit de la droite A_2B_2 qu'elle est *antiparallèle* à A_1B_1.

Si du point A_0, nous abaissons une perpendiculaire sur PQ. cette droite tombera au milieu S de la droite B_1B_2. Ce point S est le milieu de B_1B_2. car dans le plan $A_0B_1B_2$, les deux droites A_0B_1 et A_0B_2 sont égales: elles ont, par conséquent. des projections égales. sur deux plans perpendiculaires entre eux passant par leurs extrémités. Ces projections sont : A_0S commune d'une part. et B_1S. SB_2 d'autre part. Donc. $SB_1 = SB_2$. On dit que le point B_2 est *symétrique* du point B_1. par rapport au point S.

Nous pourrions mener une série de plans parallèles à PQ. dans le plan $B_1A_0B_2$. et nous démontrerions de manière analogue. que tous les points des droites A_0B_1 et A_0B_2 sont symétriques par rapport aux points de A_0S. On dit que les deux droites A_0B_1 et A_0B_2 sont *symétriques* par rapport à la droite AS. D'où nous concluons. que *deux droites symétriques dans le même plan ou dans la même surface, par rapport à une troisième, sont égales entre elles.*

La droite B_0B_2 est verticale. et comme telle perpendiculaire à X'Y', et au plan horizontal XYX'Y'. mais elle est aussi perpendiculaire à toutes les droites qui passent par son pied B_0. dans le plan horizontal XY X'Y'. En effet, toute droite passant par B_0, dans le plan horizontal. est la trace d'un plan vertical passant par B_0B_2. Sur chacune de ces droites. B_0B_2 aura pour projection la dimension (1) de son point: elle sera donc perpendiculaire à chacune d'elles.

Donc : *toute droite perpendiculaire à un plan. est perpendiculaire à toutes les droites qui passent par son pied dans ce plan.*

Dans le graphique de la fig. 7. la surface déterminée par la droite A_1B_1 et ses projections A_1B_0 et B_0B_1. qui se désigne surface $A_1B_1B_0$. est un *triangle*; de même la figure $A'_1B_1B_0$. Un *triangle est une figure déterminée par trois lignes qui se coupent, prises deux à deux. dans le même plan.*

Ces triangles $A_1B_1B_0$ et $A'_1B_1B_0$ possèdent en outre la propriété *d'être rectangles.* Cette propriété est due à ce que le côté B_0B_1. commun à ces deux triangles. est perpendiculaire aux deux côtés A_1B_0 et A'_1B_0.

On dit des angles en B_0. qu'ils sont *droits*: on les désigne : angle droit $A_1B_0B_1$. angle droit $A'_1B_0B_1$. On appelle les côtés A'_1B_0 et B_0B_1 d'une part. A_1B_0 et B_0B_1 d'autre part. *côtés de l'angle droit.* Les droites A_1B_1 et A'_1B_1 sont les *hypothénuses* des triangles rectangles $A_1B_1B_0$ et $A'_1B_1B_0$.

Deux droites. perpendiculaires l'une à l'autre. déterminent dans le plan qu'elles forment, quatre angles droits autour de leur point d'intersection. Cette constatation n'a pas la valeur d'une proposition. puisque pris deux à deux, les côtés de l'angle droit sont perpendiculaires entre eux.

L'angle *droit*. est le seul. dont nous ferons mention dans la *Théorie du point*. nous réservant de déterminer, dans un chapitre spécial (2). l'usage que l'on peut faire de la connaissance des angles. pour déterminer. dans certains cas. la valeur des lignes adjacentes. dans des surfaces finies.

Pour résumer la mesure de la ligne droite. nous dirons :

Une ligne droite se mesure par ses projections sur deux plans perpendiculaires entre eux passant par ses extrémités, plans astreints à être parallèles aux plans de comparaison. dans lesquels se mesurent les dimensions du volume, dont la droite fait partie.

Deux droites égales entre elles en longueur linéaire et également inclinées ont leurs projections homologues égales entre elles.

---

(1) Ou la surface de son point. si on considère les droites comme des surfaces-volumes.
(2) Voir appendice : *Des Angles.*

À des projections homologues égales, correspondent des droites de longueur linéaire égale, ces droites sont également inclinées.

Comme corollaires à ces propositions nous dirons :

Une droite inclinée étant connue en longueur linéaire, ainsi que l'une de ses projections, géométriquement, les autres projections sont déterminées.

Deux droites inclinées égales étant connues en longueur linéaire, ainsi que les projections homologues égales sur l'un des plans de projection, les autres projections homologues de ces deux droites sont égales et géométriquement déterminées.

Nous verrons, au Livre Ier de la deuxième partie, comment nous pourrons exprimer, *algébriquement*, la projection non connue, en fonction de la longueur linéaire de la droite inclinée et de sa projection connue.

LIVRE II

MESURE DES SURFACES RECTILIGNES

CHAPITRE PREMIER

Objet : **Généralités sur les mesures des surfaces à côtés rectilignes** [1].

Nous adopterons pour la mesure des surfaces, la classification rationnelle que nous avons employée pour la mesure des lignes droites.

Nous considérerons :

§ I. — Une surface limitée par quatre droites, perpendiculaires entre elles deux à deux, et située dans le plan vertical. Cette surface est un rectangle.

§ II. — Une surface limitée par quatre droites, parallèles entre elles deux à deux, et située dans le plan vertical. Cette surface est un parallélogramme.

§ III. — Une surface quadrilatère, à côtés parallèles deux à deux, mais inclinée par rapport à deux des plans de comparaison, un des côtés restant dans le 1ᵉʳ vertical, ou restant parallèle à la trace du 1ᵉʳ vertical sur le plan horizontal. Cette figure reste perpendiculaire au 3ᵉ plan de comparaison, c'est-à-dire au vertical latéral.

§ IV. — Une surface quadrilatère, à côtés parallèles deux à deux, inclinée par rapport aux 3 plans de comparaison.

§ I. — **Mesure d'une surface limitée par quatre droites, perpendiculaires entre elles deux à deux, située dans le plan vertical.**

Cette surface est un rectangle : elle est un carré si les côtés sont égaux entre eux. La surface à mesurer, est telle que la surface ABCD de notre parallélipipède rectangle origine (fig. 2).

Soit ABCD, la surface rectangle à mesurer. Représentons la comme surface-volume, c'est-à-dire avec son épaisseur, $e = 1$. Pour la mesurer, il nous faudra superposer autant de lignes CDCD' égales à L × ($1 \times 1 \times 1$) que la droite AC peut en contenir. Le nombre de ces lignes nous sera donnée par le nombre de points cubiques, de dimension, $h = 1$, nombre égal à H, que AC contient (fig. 8).

La surface-volume ABCD aura pour mesure :

$$CDCD' \times AC = L.1 \times 1 \times 1 \times H = L \times 1^3 \times H.$$

1^3, est une notation algébrique, qui exprime la mesure du point cubique élémentaire du parallélipipède rectangle, et *partant de toute surface-volume appartenant à ce parallélipipède.*

---

[1] Voir détail des matières à la table.

On dit que L est, algébriquement et arithmétiquement le *cube* ou la *puissance cube* du nombre L. C'est la notation conventionnelle du cube construit sur la dimension L.

Si nous considérons la surface ABCD, comme un plan, nous négligeons la 3ᵉ dimension du point, nous la sous-entendons. L'expression de la surface devient :

$$\text{Surface ABCD} = L \times F \times H.$$

F est arithmétiquement et algébriquement le *carré du nombre* L ; c'est la notation conventionnelle du carré construit sur la dimension L.

Ainsi se trouve définie, la relation étroite qui relie l'arithmétique et l'algèbre à la géométrie.

Considérant la formule :

$$\text{Surface ABCD} = L \times H \times F.$$

nous constatons *qu'une surface se mesure en fonction du point élémentaire du volume dont elle fait partie ; le* point élémentaire étant un volume, nous mesurons *un volume par un volume.*

Les formules $L \times H \times F$ et $L \times H \times F$ expriment, le *nombre de points cubiques* ou *carrés*, contenus dans la surface ABCD, considérée comme *surface volume*, ou comme *surface plane.*

On a coutume de noter, par *abréviation et convention :*

$$\text{Surface ABCD} = L \times H.$$

Et nous dirons : *La surface d'un rectangle, est égale au produit de ses deux dimensions non parallèles entre elles, ou au produit de ses deux dimensions perpendiculaires entre elles.*

L et H sont leurs propres projections sur le plan vertical. On peut dire aussi d'une manière plus générale : *La surface d'un rectangle est égale au produit des projections de deux des côtés perpendiculaires entre eux.*

On a coutume, appelant $CD = L$, côté du rectangle situé dans le plan horizontal, *base du rectangle*, et $AC = H$, *hauteur*, de dire : *La surface d'un rectangle est égale au produit de sa base par sa hauteur.*

La surface que nous avons mesurée est comprise dans le plan vertical : c'est la surface de ABCD projetée sur le plan vertical. Cette surface doit avoir deux autres projections, l'une sur le plan horizontal, l'autre sur le vertical latéral.

Or, sur le plan horizontal, cette projection est représentée par la ligne CDC'D', laquelle est elle-même une surface-volume, projection de la surface-volume ABCD A'B'C'D'. Sur le vertical latéral, cette projection est la ligne ACA'C'. C'est dire que la ligne surface volume CDC'D', représente la projection, de H, lignes surfaces-volumes égales à elle-même. Que la ligne ACA'C' représente la projection, de L, lignes égales à elle-même. Surface ABCD $= AC \times CD$.

Nous pouvons donc, ces deux projections étant connues, mesurer la surface origine dont elles sont les projections sur le plan horizontal et sur le vertical latéral.

Or, les droites qui circonscrivent la surface ABCD, sont les traces prises deux à deux, de plans parallèles entre eux et perpendiculaires entre eux. *Nous dirons, qu'une surface rectangle se mesure par les projections de ses côtés, sur deux plans perpendiculaires entre eux passant par l'une des extrémités de la base.*

Nous dirons qu'une surface est déterminée quand sont connues ses projections sur deux des plans de comparaison, l'un vertical et l'autre horizontal, puisque les deux dimensions qui servent à mesurer cette surface dans le plan vertical, sont l'une, la projection CD sur le plan horizontal, l'autre, la projection AC, sur le vertical latéral. Nous avons fait le même raisonnement pour la mesure de la surface dans les deux autres plans de projection.

Si dans la surface ABCD, $L = H$, le rectangle devient un *carré* dont la surface est : $L \times L = L^2$. L² exprime, algébriquement, le carré construit sur dimension L.

Si dans la surface-volume ABCD nous menons la droite CB C'B', la surface-volume *rectangle*, est décomposée en deux surfaces volume *triangles*, lesquels sont *rectangles* respectivement aux points D et A.

Ces deux triangles sont *égaux, car leurs trois côtés sont égaux*. En effet. le côté CB est commun. les côtés BD et CD, AC et AB sont égaux chacun à chacun. Les surfaces circonscrites par ces lignes égales sont égales.

Ces triangles étant égaux, leur surface est égale à la moitié de la surface du rectangle.

Surface triangle CBD + surface triangle CAB = surface rectangle. Or. surface triangle CBD = surface triangle CAB donc :

$$2 \text{ surfaces triangle CBD} = \text{surface rectangle.}$$

$$\text{D'où, surf. tr. CBD} = \frac{\text{surf. rect.}}{2} = \frac{L \times H \times P}{2} = \frac{L \times H}{2} .$$

Dans la surface-volume rectangle ABCD A'B'C'D' la ligne volume CBC'B', dans la surface plane ABCD la ligne CB, s'appelle la *diagonale du rectangle*.

La diagonale d'un rectangle partage sa surface en deux surfaces égales.

§ II. — **Mesure d'une surface limitée par quatre droites parallèles entre elles deux à deux, et située dans le plan vertical.**

Cette surface étant limitée. par des lignes parallèles entre elles deux à deux. mais non perpendiculaires entre elles, est un *parallélogramme*.

Elle est telle que la surface CKMC, de notre parallélipipède origine. portion de la surface ABCD (fig. 9 *bis*). Soit ABCD ce parallélogramme (fig. 9).

Pour mesurer cette surface, nous porterons verticalement, suivant les côtés AC et DB. autant de droites égales et parallèles à CD. que AB et DB contiennent de point de dimension, $h = 1$ *suivant la verticale*. Ce nombre de points est représenté par les projections verticales AA_1 et BB_1 de AC et de DB. Or, ces projections sont égales, comme parallèles comprises entre parallèles. Soit H. le nombre de points de AA_1. et L. le nombre qui exprime la longueur de la droite CD.

$$\text{Surface parallélogramme} = CD \times AA_1 = L \times H.$$

Or, $L \times H$ est aussi la surface du rectangle AA_1BB_1, car $CD = AB = A_1B$; donc $A_1B_1 = L$ et surface rectangle $AA_1BB_1 = L \times H$.

Nous pouvons dire : *la surface du parallélogramme ABCD. se mesure par la surface de son rectangle de projection AA_1BB_1.*

Il importe de se rendre compte, si. dire : la surface du parallélogramme se mesure *par* son rectangle de projection, signifie que la surface du parallélogramme *est égale* à la surface de son rectangle de projection.

Ces deux mesures sont égales, car :

$$\text{Surf. parallélog.} = \text{surf. } ABA_1D + \text{surf. tr. } CAA_1.$$
$$\text{Surf. rectangle} = \text{surf. } ABA_1D + \text{surf. tr. } DBB_1.$$

Les deux surfaces. parallélogramme et rectangle. seront égales, si surf. tr. $CAA_1 = $ surf. tr. DBB_1. ce qui est. en effet, car ces triangles ont les trois côtés homologues égaux.

Donc : *la surface du parallélogramme. situé dans le plan vertical. se mesure par la surface du rectangle de projection ; il a même surface que ce rectangle.*

Or. les droites CA et DB ont une longueur *linéaire* plus grande que AA_1 leur projection. Nous vérifions ainsi :

1° Que c'est rationnellement que nous avons établi. que la droite AC (droite A_1B_2 de fig. 4) se mesure par sa projection AA_1 ; que AA_1 est la *dimension* de AC dans le plan vertical ;

2° Que les droites qui limitent la surface du parallélogramme. *n'entrent dans l'expression de la surface que par leur projection*, c'est-à-dire par leur *dimension* ; dans le plan vertical. AA_1 est la dimension commune à AC et DB. CD est sa propre projection ou dimension.

Et nous concluons : *la surface d'un parallélogramme, situé dans le plan vertical, est égal au produit des projections de deux des côtés non parallèles.*

Nous pourrons dire aussi en appelant CD, la base du parallélogramme, H, la hauteur AA_1, qui sépare AB, parallèle à la base, de cette base :

La surface du parallélogramme, est égale au produit des projections de ses côtés non parallèles sur deux plans perpendiculaires entre eux passant par une des extrémités de la base.

Ou encore : *La surface du parallélogramme est égale au produit de la base par la hauteur qui sépare cette base du côté parallèle à la base, c'est-à-dire au produit de sa base par sa hauteur.*

Si nous menons la diagonale CB du parallélogramme, elle décompose sa surface en deux surfaces triangles qui sont égales entre elles, la surface de chacun d'eux se mesurant par celle du triangle rectangle de projection, égale à sa propre surface.

$$\text{Surface triangle} = \frac{L \times H}{2}$$

La surface d'un triangle, est égale au 1/2 produit de la base par la hauteur de son sommet au-dessus de la base.

La hauteur d'un triangle, est la projection verticale commune aux côtés extérieurs à la base, sur le vertical latéral, perpendiculaire à la base, passant par le sommet du triangle.

La base est la somme des projections horizontales des côtés extérieurs à la base.

Nous reviendrons sur ces deux définitions dans le chapitre spécial que nous consacrerons aux triangles.

Le rectangle de projection, est la projection du parallélogramme, sur le 1er vertical. Ce qui différencie le parallélogramme, de son rectangle de projection, c'est que le *rectangle* est une *portion verticale du premier vertical, c'est une surface verticale. Le parallélogramme*, limité par deux droites AC et DB *inclinées* dans le plan vertical, par rapport au plan horizontal de comparaison, est *une surface inclinée dans le plan vertical par rapport au plan horizontal de comparaison.*

Mais, outre cette projection verticale du parallélogramme, il existe une projection *horizontale* qui est AB = CD, *une projection sur le vertical latéral égale à* BB_1 = AA_1. Or, ces projections sont elles-mêmes des *surfaces, ou des surfaces colonnes* puisque le parallélogramme a une 3ᵉ dimension e = 1.

La *géométrie actuelle, au contraire, admet que la projection de la même surface est une ligne qui n'a qu'une dimension, la longueur.* La « Théorie du point » dit au contraire : *La projection d'une surface, est une surface, et ne peut être qu'une surface.*

Nous pouvons conclure, par analogie au cas du rectangle, qu'une *surface parallélogramme est déterminée quand sont connues ses projections, sur deux des plans de comparaison.*

Nous pourrions déterminer deux surfaces égales, l'une au rectangle du premier cas, l'autre au parallélogramme du second, nous devrions constater que leur mesure est la même.

Deux surfaces égales, ont des projections homologues égales, sur deux des plans de comparaison.

Réciproquement : A des projections égales, sur deux des plans de comparaison, correspondent des surfaces égales.

Concluons enfin, que la mesure du parallélogramme, situé dans le plan vertical, est celle que donne la géométrie silhouette ; mais en prenant AA_1 = BB_1, pour hauteur du parallélogramme, c'est faire *la projection* de AC et DB, sur les verticaux latéraux passant par A et B.

13. — Mesure d'une surface **quadrilatère, à côtés parallèles deux à deux, mais inclinée à la fois, par rapport à deux des plans de comparaison**, un des côtés de cette surface étant dans le premier vertical, ou dans un plan parallèle à la trace du premier vertical, sur le plan horizontal.

Cette surface est celle du parallélogramme $CP'Q'C_1$, du parallélipipède rectangle. Cette surface, inclinée par rapport au premier vertical et au plan horizontal, reste perpendiculaire au vertical latéral. En effet, elle fait partie de la surface CPQD. qui est rectangle. parce que PQ. parallèle à CD. est comme CD perpendiculaire à toutes les droites qui passent par son pied dans le plan BDIF. CD et PQ étant perpendiculaires à QD. le plan déterminé par les deux droites PQ et QD. est perpendiculaire au plan BDIF vertical latéral (fig. 10 *bis*).

Donc le parallélogramme CP'Q'C$_1$. qui fait partie de la surface rectangle CPQD. est perpendiculaire au vertical latéral BDIF.

Soit ABCD la surface à mesurer (fig. 10). La base CD de ce parallélogramme est dans le premier vertical. Si CD est parallèle à la trace du premier vertical. c'est-à-dire. si la surface est intérieure au parallélipipède rectangle sans avoir aucun point commun avec la surface ABCD du parallélipipède (fig. 10 *bis*). il nous suffira. de faire passer par CD un plan vertical, que nous considérerons comme le premier vertical de comparaison.

Menons par B un (vertical latéral et supposons que ce plan soit. par l'observateur. vu. *par sa tranche* BB$_2$.

Menons par la droite AB, un plan vertical parallèle au premier vertical. Sa trace sur le plan horizontal sera X'Y'. Sur ce deuxième vertical, les projections des lignes CA et DB. sont AA$_1$ et BB$_1$, égales entre elles. La projection verticale du parallélogramme ABCD, est le rectangle ABA$_1$B$_1$. Ce rectangle, mesure la surface du parallélogramme ABCD, dans le plan vertical; nous obtenons :

$$\text{Surf. ABCD} = \text{Surf. rect. ABA}_1\text{B}_1 = \text{A}_1\text{B}_1 \times \text{BB}_1 = \text{CD} \times \text{BB}_1.$$

La surface de ce parallélogramme est égale au produit de sa base. par la hauteur qui sépare le côté parallèle à la base, de la base.

Si nous joignons DB$_1$, et CA$_1$. nous obtenons un parallélogramme CDA$_1$B$_1$, qui est la projection horizontale du parallélogramme ABCD. *Or, la mesure de ce parallélogramme est CD* $\times$ *DD$_1$.*

Donc DD$_1$ est la dimension de DB$_1$. et ainsi nous vérifions ce que nous avons dit pour la droite A$_1$B$_1$ (chapitre IV, § IV, fig. 7), DB$_1$ est la *projection primaire* de DB, DD$_1$ est sa *projection réelle*, puisque DD$_1$ est la *dimension* de DB$_1$, dans le parallélogramme CDA$_1$B$_1$.

Nous obtenons, pour le parallélogramme. incliné par rapport à deux plans de projection. deux projections : l'une, un rectangle dans le plan vertical; l'autre, un parallélogramme dans le plan horizontal, lequel se mesure par le rectangle de même surface.

Mais la trace du plan ABCD. sur le vertical latéral passant par le point B, est également inclinée dans le vertical latéral. Il importe de mesurer la valeur de cette projection qui dans la figure se confond avec BB$_2$.

Pour cela, représentons en perspective le vertical latéral passant par le point B, soit BB$_2$D'Z le vertical latéral (fig. 10 *ter*). Sa trace B$_2$D', *vue en perspective*, semble *une oblique; elle est en réalité une perpendiculaire aux deux traces* XY, X'Y'. Les projections de DB$_1$ et CA$_1$. *vues en perspective*, ne seront plus les droites DD$_1$ et CC$_1$ (fig. 10), mais DD'$_1$ et CC'$_1$ (fig. 10 *ter*).

Sur le vertical latéral, la trace du plan ABCD normal. c'est à dire perpendiculaire à ce vertical. trace qui est la projection de surface ABCD sur le vertical latéral, sera BD'.

Or. cette droite BD' inclinée dans le vertical latéral, se mesure. suivant le plan où on la considère. par les projections BB$_1$ et B$_2$D'. Ces projections sont. la première, la projection verticale de DB $=$ CA. la seconde, la projection horizontale de DB $=$ CA. car, B$_2$D' $=$ DD'$_1$.

Les dimensions qui servent à déterminer la mesure de la surface ABCD sont :

1° Dans le plan vertical : A$_1$B$_1$ $=$ CD. et BB$_1$.
2° Dans le plan horizontal : A$_1$B$_1$ $=$ CD, et DD'$_1$.
3° Dans le vertical latéral : BB$_1$. et B$_2$D' $=$ DD'$_1$.

Et nous concluons. qu'une surface parallélogramme inclinée est déterminée. quand sont connues ses projections. *sur deux plans perpendiculaires entre eux passant par les extrémités de la base*. puisque les trois plans de comparaison. pris deux à deux. contiennent les trois dimensions permettant de définir les différentes surfaces de projections.

Nous pouvons désormais appliquer à la surface inclinée. ce que nous avons dit pour les surfaces situées dans le plan vertical :

Deux surfaces égales et également inclinées, se mesurent par des surfaces de projections homologues, égales sur les plans de comparaison.

Réciproquement : A des surfaces de projections homologues égales, correspondent des surfaces égales et également inclinées.

Une surface inclinée est déterminée, quand sont connues ses projections sur deux des plans de comparaison.

Quand nous avons mesuré une surface inclinée dans le plan vertical, nous avons mesuré sa surface par son rectangle de projection, et nous avons démontré qu'il y avait identité entre ces deux surfaces, autrement dit *la surface parallélogramme verticale, se mesure par la surface rectangle de même surface.*

Or, nous venons de voir que la surface parallélogramme inclinée, par rapport à deux des plans de projection, se mesure, dans le plan vertical, par le rectangle A_1B_1AB, et dans le plan horizontal, par le rectangle C_1D_1CD (fig. 10).

Pour que ces deux rectangles aient même mesure, il faudrait que $BB_1 = DD_1$.

$$\text{Car, surface } A_1B_1AB = A_1B_1 \times BB_1 = CD \times BB_1.$$
$$\text{Surface } C_1D_1CD = CD \times DD_1.$$

L'égalité de ces surfaces ne pourrait exister, il n'est pas besoin de le démontrer, qu'au cas où la surface ABCD serait, également inclinée, par rapport au plan vertical et par rapport au plan horizontal.

On ne peut donc pas dire, que la surface ABCD se mesure par ses projections, et qu'elle est égale à chacune d'elles. Nous allons le démontrer.

La surface ABCD considérée comme *surface isolée,* possède une surface qui lui est propre; nous l'appellerons *surface superficielle;* mais comme surface appartenant au volume du parallélipipède rectangle, surface-volume, portion de ce parallélipipède rectangle, cette surface se mesure par une *surface réelle* qui, suivant le plan où on la considère, est la projection verticale, la projection horizontale ou la projection latérale de la surface superficielle.

En effet, considérée comme *surface isolée* et mesurée dans *son plan,* la surface ABCD se mesure par le rectangle de même surface AA_2BB_2 (fig. 10).

$$\text{Surface parallélog. ABCD, } \textit{dans son plan} = CD \times AA_2.$$

Or, AA_2 est bien perpendiculaire à CD, mais n'est pas perpendiculaire au plan horizontal $XYX'Y'$ contenant CD. La perpendiculaire à ce plan, est $AA_1 < AA_2$, laquelle est une oblique par rapport au plan horizontal. Le point élémentaire du rectangle ABA_2B_2 est donc plus grand que le point élémentaire du parallélipipède rectangle, lequel nous sert à mesurer les surfaces ABA_1B_1, CDA_1B_1.

Cette surface superficielle, est ce que la géométrie actuelle appelle, dans les *solides,* la *surface latérale.* On a bien été obligé de reconnaître qu'elle ne peut entrer dans l'expression de la mesure des solides, mais sans spécifier la cause qui motive cette impossibilité; or, cette cause, nous venons de la définir : c'est parce que le point élémentaire de cette surface *superficielle* est différent du point élémentaire du solide à mesurer.

Au contraire, la *surface réelle* est la seule qui permette d'exprimer le volume d'un solide, parce que son point élémentaire est celui du solide à mesurer, et que cette surface contient les dimensions qui serviront à l'expression du volume. Pour cette raison, nous appellerons *surface géométrique* la surface réelle.

Mais il peut être nécessaire, même dans un volume, d'estimer la surface superficielle. Si, par exemple, un peintre doit recouvrir la surface ABCD, pour se faire rétribuer son travail, il prendra pour expression de la mesure de la surface ABCD, $CD \times AA_2$. Nous appellerons indistinctement cette surface ainsi exprimée *surface superficielle* ou *surface linéaire.*

§ IV. — **Mesure d'un quadrilatère, à côtés parallèles deux à deux, incliné par rapport aux trois plans de comparaison.**

Cette surface, est telle que la surface RSTU du parallélipipède rectangle (fig. 11 *bis*).

Soit ABCD. la surface à mesurer : *elle fait partie du parallélipipède rectangle ; elle doit donc être mesurée par le point élémentaire de ce parallélipipède rectangle* (fig. 11).

Nous déterminerons d'abord les trois dimensions de ce point élémentaire. en direction.

La dimension : *l*. sera dirigée suivant XY, ou une parallèle à XY. La direction de la deuxième dimension : *h*, nous sera donnée par BZ perpendiculaire à XY. La troisième dimension : *e*, sera suivant BK. perpendiculaire à BZ, et parallèle au plan horizontal. Les deux droites BZ et BK sont les traces de notre vertical latéral. perpendiculaire à la fois au premier vertical. et au plan horizontal de trace XY.

Si du point A. nous abaissons une perpendiculaire sur la trace BK, cette droite sera AB_1 parallèle à XY. Les deux droites AB_1 et BB_1 mesurent la droite inclinée AB. sur deux plans perpendiculaires entre eux passant par ses extrémités et parallèles aux plans de comparaison.

En menant DD_1 parallèle à BB_1, perpendiculaire à CB_1, nous obtiendrons en CD_1 la projection horizontale de CD dans le vertical passant par le point C; joignant D_1B_1 nous obtenons la projection *primaire* du parallélogramme ABCD. sous la forme du parallélogramme AB_1CD_1. Cette figure est bien un parallélogramme. puisque CD_1 et AB_1 sont égales et parallèles entre elles.

Pour obtenir la projection qui mesure ce parallélogramme AB_1CD_1. projection qui sera en même temps la *projection réelle* de parallélogramme ABCD, il nous suffira de projeter la surface AB_1CD_1 sur le plan vertical passant par AB_1, plan, dont la trace sur le plan horizontal sera X'Y', parallèle à CD_1. à AB_1, à XY.

Nous obtiendrons dans le rectangle $AA_1B_1B_2$ la *projection verticale réelle* mesurant surface inclinée ABCD.

La projection horizontale sera le parallélogramme CAB_2D_1. dont la hauteur est $B_2B_1 = BB_1$, perpendiculaire aux deux traces horizontales CB_1 et X'Y'.

La projection, sur le vertical latéral. de surface ABCD sera le rectangle $B_1B_2BB_1$. Ce quadrilatère est un rectangle. car BB_1 horizontale. parallèle à B_2B_1, est perpendiculaire comme B_2B_1 à B_1B_2. verticale qui mesure la hauteur de la droite AB_1, horizontale, au-dessus du plan horizontal.

Nous voyons que ces surfaces, prises deux à deux, contiennent les trois dimensions. qui mesurent les surfaces de projection du parallélogramme incliné ABCD. En effet :

Mesure surface ABCD dans le plan vertical s'obtient par surf. rect. $AB_1A_1B_2 = AA_1 \times A_1B_2$.

$$\text{Surface horizontale de ABCD} = A_1B_2 \times B_2B_1.$$
$$\text{Surface latérale de ABCD} = B_1B_2 \times B_2B_1 \text{ or. } B_2B_1 = AA_1.$$

Donc les éléments dimensions, qui permettent de mesurer la surface inclinée ABCD, dans les trois plans de projection, sont déterminées. quand sont connues, deux des projections de cette surface sur deux des plans de comparaison.

Et, comme ci-dessus. nous pouvons conclure : *Une surface est déterminée. quand sont connues ses projections sur deux des plans de comparaison.*

De même aussi. construisant un parallélogramme égal à ABCD. et également incliné par rapport aux trois plans de projection, nous obtiendrons des projections égales dans les trois plans de comparaison.

Donc *deux surfaces égales et également inclinées. dans les trois plans de comparaison. ont des projections homologues égales dans les trois plans de comparaison.*

Réciproquement : *A des projections homologues égales, dans les trois plans de comparaison. correspondent des surfaces égales et également inclinées par rapport aux trois plans de comparaison.*

Nous n'insisterons pas. pour établir que la surface superficielle du parallélogramme ABCD. est différente de la surface superficielle de parallélogramme AB_1CD_1. Le raisonnement fait ci-dessus (page 23) est également applicable dans ce cas.

CHAPITRE II

Objet : **Généralités sur les triangles et mesure des triangles** (1).

Un triangle est égal, en surface, à la moitié de la surface d'un parallélogramme de même base et de même hauteur. En appelant B la base, H la hauteur :

$$\text{Surface triangle} = \frac{B \times H}{2}.$$

Sous la réserve, qu'un triangle, faisant partie d'un volume, se mesure comme les surfaces parallélogrammes de ce volume, nous pouvons étudier le triangle comme figure isolée, considérant que sa base est toujours dans le plan horizontal (2).

Nous dirons *qu'un triangle situé dans le plan vertical, est vertical, quand la hauteur tombe au milieu de la base.*

Il faut d'abord préciser ce qu'est la hauteur d'un triangle.

Soit une base AB, au milieu D de cette base élevons une perpendiculaire DC, de hauteur H ; joignons CA et CB. Nous obtenons le triangle ACB dans laquelle la hauteur tombe au milieu de la base (fig. 12).

La droite CD partage le triangle ACB en deux triangles égaux, ACD et BCD, qui sont rectangles au point D. Ces triangles sont égaux comme ayant les trois côtés égaux. En effet, le côté CD est commun, par construction AD = DB, et AC = CB parce que ces deux droites ont des projections homologues égales, sur deux plans perpendiculaires entre eux passant par leurs extrémités, et situés dans les plans AB et CD de comparaison.

Si nous élevons, aux points A et B, deux perpendiculaires jusqu'à leur rencontre en N, et M, avec la parallèle menée à AB par le point C, la figure ABNM est un rectangle, et ce rectangle est double en surface du triangle ACB.

En effet AC et CB sont les diagonales des rectangles MCDA, et CDNB égaux entre eux.

On appelle le triangle ACB, dans lequel, les deux côtés extérieurs à la base, sont égaux, un *triangle isocèle*.

Les propriétés qui distinguent le triangle isocèle sont :

1° *Que la hauteur, projection verticale commune aux deux côtés extérieurs, tombe au milieu de la base ;*

2° *Que la base, est la somme des projections horizontales, égales entre elles, des côtés extérieurs à la base.*

Le triangle isocèle est un triangle vertical, parce qu'il est égal à la demie surface du rectangle AMNB, qui est une surface verticale, dans le plan vertical.

Ce triangle est bien aussi égal à la demie surface du parallélogramme CBEA, mais ce parallélogramme a pour projection le rectangle AMNB, il se mesure par cette projection.

Si nous prolongeons CD = H, d'une longueur DE, égale à elle-même, et que nous joignions BE et AE, la figure quadrilatérale ACBE est un parallélogramme dont les quatre côtés sont égaux : on l'appelle un *losange.* Ces quatre côtés sont égaux, puisque triangle AEB = triangle ACB. Ces côtés sont parallèles deux à deux parce que ces droites prises deux à deux sont égales entre elles.

---

(1) [illegible] fig. 12.

(2) Un triangle [illegible] une surface, un volume est un volume.

En effet, si du point D nous abaissons deux perpendiculaires sur les côtés CB et AE des triangles CDB et AED, ces perpendiculaires sont égales entre elles, puisque les triangles ont même surface et même base.

$$\text{Surface CDB} = \frac{CB \times DF}{2}.$$

$$\text{Surface ADE} = \frac{AE \times DG}{2}.$$

Or, surface CDB = surface AED, et CB = AE.

Nous pourrons écrire CB × DF = CB × DG.

d'où DF = DG.

Ces deux droites sont, en outre, dans le prolongement l'une de l'autre, car il est aisé de voir que FB = AG et CF = GE. En effet, DF et DG dans deux triangles égaux CDB et ADE sont les projections de droites respectivement égales, DB et CD d'une part, AD et DE d'autre part; donc les autres projections homologues BF et AG des droites égales AD et DB, sont égales entre elles (1). Donc GF est perpendiculaire commune aux deux droites CB et AE, donc ces droites sont parallèles entre elles.

Les droites AC et EB sont égales; elles sont comprises entre parallèles, donc elles sont parallèles.

Nous pouvons conclure de cette démonstration : un quadrilatère dont les quatre côtés sont égaux, est un *parallélogramme*.

Ce parallélogramme est en outre un *losange*, parce que *les diagonales se coupent respectivement en leur milieu et sont perpendiculaires entre elles.*

Si nous menons les trois hauteurs du triangle ABC, nous mesurons, au moyen de ces droites, la hauteur de chaque sommet au-dessus du plan passant par le côté opposé (fig. 13).

CD mesure la distance de C à AB;

AF mesure la distance de A à CB, trace d'un plan perpendiculaire à AF;

BE mesure la distance de B à AC.

Autrement dit au moyen de ces trois hauteurs, nous mesurerons la surface du triangle, dans des plans de projection transposés.

La surface du triangle restant la même, à des bases égales, correspondent des hauteurs égales : donc, AF = BE.

Si AF = BE, les segments en lesquels ces hauteurs partagent les bases, sont les projections homologues de côtés homologues égaux; donc BF = AE, CF = CE.

Ces deux hauteurs AF et BE se coupent au point O.

Or, les points E et F, extrémités de deux droites BE et AF, égales et également inclinées sur AB, sont situés à la même distance de AB, donc si nous joignons EF, la droite EF est parallèle à AB.

Les deux droites AF et BE, égales, comprises entre parallèles sont anti-parallèles. Nous pouvons remplacer BE, par la droite BG, parallèle à AF. Sur cette droite, le point O viendra en O', sur la parallèle à AB menée par le point O. Donc AO = BO' et BO' = BO. Donc AO = BO.

Si AO = BO, le triangle AOB est isocèle, donc sa hauteur tombe au milieu D de AB. C'est-à-dire se confond avec la direction de la 3ᵉ hauteur CD.

Donc les trois hauteurs d'un triangle isocèle se coupent au même point.

Il est un cas particulier du triangle isocèle, c'est celui où les trois côtés sont égaux entre eux: on appelle ce triangle, *triangle équilatéral* (fig. 14).

La hauteur, dans ce triangle, issue d'un sommet, tombe au milieu de la base opposée.

Ces trois hauteurs sont égales.

Elles se coupent, comme dans le triangle isocèle, en un même point.

Nous allons démontrer, que le point intersection des trois hauteurs, dans un triangle équilatéral, est situé au tiers de la hauteur à partir de la base (fig. 14).

(1) Voir corollaires, page 17.

Il est aisé, répétant le raisonnement ci dessus, de voir que $AO = OB = OC$.

Les trois triangles AOB. COB. COA sont égaux. comme ayant les trois côtés égaux chacun à chacun : la somme de leurs surfaces représente la surface du triangle ACB. La surface de chacun d'eux est donc égale au tiers de la surface du triangle ABC.

$$\text{Or surface triangle } ABC = \frac{AB}{2} \times H.$$

$$\text{Le tiers de cette surface est donc } \frac{AB}{2} \times \frac{H}{3}.$$

Donc la hauteur OD du triangle AOB est égale à $\frac{H}{3}$. Nous ferions le même raisonnement pour les deux autres. mais il suffit de savoir que $OD = OE = OF$.

Donc *les trois hauteurs du triangle équilatéral se coupent en un même point, situé sur chaque hauteur, au tiers de celle-ci à partir de la base.*

Si les côtés CB et CA. du triangle isocèle. sont perpendiculaires entre eux au point C, le triangle ACB *est isocèle rectangle* (fig. 15).

Si par le point B. nous menons une parallèle à CA. par le point A une parallèle à CB, ces parallèles se rencontrent en un point E. Les quatre droites du quadrilatère ACBE, sont égales deux à deux, comme parallèles comprises entre parallèles : elles sont perpendiculaires entre elles. Ce parallélogramme est un *carré*.

Le triangle ABE est isocèle rectangle et égal à ACB. Si nous menons CE, diagonale, elle sera perpendiculaire à AB. l'autre diagonale. en son milieu. Ces deux diagonales sont égales entre elles, car triangle ACE = triangle ACB. Ces diagonales sont donc égales entre elles et se coupent en leur milieu.

$$\text{Ces diagonales étant égales, } CD = \frac{CE}{2} = \frac{AB}{2}.$$

La hauteur issue du sommet de l'angle droit, dans un triangle isocèle rectangle, est égale à la moitié de la base.
Les diagonales d'un carré sont égales et perpendiculaires entre elles en leur milieu.

Il est facile de voir que *les trois hauteurs d'un triangle rectangle se coupent au même point qui est le sommet de l'angle droit.*

Si nous examinons les projections de la droite CB. côté du triangle rectangle isocèle, nous remarquons qu'elles sont égales entre elles.

On appelle AB *hypothénuse* du triangle rectangle, AC. CB sont les *côtés de l'angle droit.*

Les triangles ADC. CDB. ADE. EDB sont également rectangles et isocèles.

Les diagonales d'un carré décomposent sa surface en celles de quatre triangles isocèles rectangles égaux entre eux. La surface de chacun d'eux est égale au quart de la surface du carré.

Un triangle. situé dans le plan vertical est incliné dans ce plan. quand la hauteur abaissée de son sommet ne tombe pas au milieu de la base.

La surface de ce triangle est toujours égale à la demie surface du parallélogramme. dont un des côtés extérieurs à la base serait la diagonale. et qui se mesure par son rectangle de projection : mais deux cas peuvent se présenter :

1 La hauteur tombe entre les deux extrémités de la base (fig. 16).

Dans ce cas. comme précédemment. *la hauteur* BB_1 *est la projection verticale commune aux deux côtés* CB *et* BD. *La base est égale à la somme des projections horizontales de ces côtés.*

2 La hauteur tombe sur le prolongement de la base (fig. 17).

Dans ce cas. *la hauteur* BB_1 *est toujours la projection verticale commune aux deux côtés, mais la base est égale à la différence des projections horizontales des côtés autres que la base.*

$$\text{En effet. projection horizontale } BC = CB_1.$$
$$\text{projection horizontale } DB = DB_1.$$
$$\text{base } CD = CB_1 - DB_1.$$

Nous n'insisterons pas sur la mesure des triangles inclinés par rapport aux plans de comparaison. Ces triangles se mesurent, sur les plans de comparaison, par leur projection, qui est égale en valeur, à la moitié de celle du parallélogramme, dont la diagonale est l'un des côtés du triangle extérieurs à la base.

Égalité des triangles. — Nous avons démontré que deux triangles sont égaux quand les lignes qui circonscrivent la surface de ces triangles sont égales. Or, ces surfaces se mesurent par deux lignes perpendiculaires entre elles, B, la base, H, la hauteur. On peut dire aussi : *deux triangles sont égaux en surface, quand ils ont même base et même hauteur.*

Si par le point D, sommet du triangle ADC, nous menons une parallèle à la base, nous pourrons joindre aux extrémités de la base tous les points D' D_1, D_2, D_3, etc. de cette parallèle. Tous ces triangles ont même surface, laquelle se mesure par celle du triangle rectangle AD'C (fig. 18).

On dit de la parallèle DD_1 qu'elle est *le lieu géométrique des points, qui, joints aux extrémités de la base AB, déterminent des triangles de même surface.*

Donc, pour exprimer la surface d'un triangle quelconque, on peut toujours lui substituer le triangle rectangle de même base et de même hauteur.

Nous avons établi un seul cas d'égalité des surfaces triangulaires :
Deux triangles sont égaux quand ils ont leurs trois côtés homologues égaux.

La Géométrie actuelle admet deux autres cas d'égalité. Nous allons montrer que ces cas se ramènent *géométriquement* à celui que nous avons formulé.

La Géométrie dit : *Deux triangles sont égaux, quand ils ont un angle égal compris entre deux côtés égaux chacun à chacun.* Or, si on connaît l'angle compris entre deux longueurs données, il suffit de joindre les extrémités libres de ces longueurs, pour déterminer graphiquement le troisième côté. C'est en réalité construire un triangle dont on connaît les trois côtés.

Troisième cas d'égalité : *deux triangles, qui ont un côté égal adjacent à deux angles égaux, sont égaux.* Or, les deux angles à la base, permettent par leur construction graphique, de définir le sommet opposé à cette base ; le triangle est donc déterminé par ses trois côtés.

La mesure d'un triangle s'exprime par la formule $\dfrac{B \times H}{2}$, qui peut s'écrire : $\dfrac{B}{2} \times H$.

Or, $\dfrac{B}{2}$ est une quantité qui représente une longueur. Il est intéressant de construire cette longueur.

Soit le triangle ACB ; CD la hauteur de ce triangle. Par le milieu E de CD, menons une parallèle à la base, qui coupera les côtés AC et CB, en F et G. Menons FD. Le triangle CFD est isocèle puisque FE sa hauteur tombe au milieu E de la base. Donc FD = CF. Menons FI perpendiculaire à AB, FI = ED. Or, ED = CE (fig. 19).

Les deux fractions AF et FC, de la même droite AC, sont également inclinées par rapport aux deux plans parallèles, de traces AB et FG, ces lignes ont une projection homologue égale, car FI = CE, les deux autres projections homologues sont égales ; donc FE = AI.

Or, FE = ID comme portions de parallèles comprises entre parallèles : donc ID = IA.

Le triangle AFD est donc isocèle, puisque FI, hauteur, partage la base en parties égales ; donc FD = AF. Or, FD = FC ; donc AF = FC.

C'est-à-dire que, *la parallèle à la base menée par le milieu de la hauteur, partage le côté AF en parties égales. F est le milieu de AC.*

Mais FE = ID ; or AD = 2. ID, donc FE = $\dfrac{AD}{2}$.

Nous ferions le même raisonnement pour démontrer que EG = $\dfrac{DB}{2}$.

Donc FG = 2FE = $\dfrac{AD + DB}{2}$ = $\dfrac{AB}{2}$.

La parallèle à la base, menée par le milieu d'un des côtés extérieurs, ou de la hauteur, est égale à la moitié de la base.

Si on considère les deux triangles ACB et FCG, nous savons que $CF = \dfrac{CA}{2}$, $CG = \dfrac{CB}{2}$, $CE = \dfrac{CD}{2}$, $FG = \dfrac{AB}{2}$. Ce qui, en comparant les lignes homologues, c'est-à-dire en cherchant le rapport qui existe entre elles, peut s'écrire :

$$\frac{CF}{CA} = \frac{1}{2}, \quad \frac{CG}{CB} = \frac{1}{2}, \quad \frac{CE}{CD} = \frac{1}{2}, \quad \frac{GF}{AB} = \frac{1}{2}.$$

Les côtés homologues et la hauteur sont donc dans le même rapport. On dit que les lignes du petit triangle et celles du grand sont *proportionnelles entre elles*, et que les triangles CFG et CAB *sont semblables*.

La parallèle à la base menée par un point de la hauteur, ou par un point d'un des côtés, partage les lignes du triangle ACB en parties proportionnelles.

Nous donnons cet énoncé général, car si nous prenons le point E, tel que $CE = \dfrac{H}{3}$, il est aisé de voir que le rapport des lignes du petit triangle à celles du grand sera $\dfrac{1}{3}$.

On formule la similitude de ces triangles, en posant : $\dfrac{CF}{CA} = \dfrac{CG}{CB} = \dfrac{CE}{CD} = \dfrac{FG}{AB} = \dfrac{1}{2}.$

Le rapport des lignes du petit triangle aux lignes du grand est égal à $\dfrac{1}{2}$. Or, nous avons appris à mesurer les surfaces par des lignes surfaces. Donc, le rapport de deux surfaces, doit être celui des lignes surfaces qui les mesurent. Le rapport de la surface du petit triangle à celle du grand doit donc être $\dfrac{1}{2}$; or, la surface du petit triangle est :

$$\frac{FG \times CE}{2}, \quad \text{or } FG = \frac{AB}{2} = \frac{B}{2}, \quad CE = \frac{CD}{2} = \frac{H}{2}.$$

En remplaçant FG et CE par leur valeur, nous obtenons : surface triangle $CFG = \dfrac{\dfrac{B}{2} \times \dfrac{H}{2}}{2} = \dfrac{B \times H}{8}$.

Or, surface triangle $ACB = \dfrac{B \times H}{2}$.

le rapport des deux surfaces est : $\dfrac{\text{surf. tr. CFG}}{\text{surf. tr. ACB}} = \dfrac{\dfrac{B \times H}{8}}{\dfrac{B \times H}{2}} = \dfrac{1}{4}.$

Ce résultat, que la Géométrie actuelle ne peut que constater, *sans l'expliquer*, nous l'expliquerons en montrant, *que la surface des lignes du petit triangle est égale au quart des surfaces des lignes homologues du grand triangle* (voir II⁰ Partie, Livre Iᵉʳ, Chap. VIII).

Nous pouvons généraliser les mesures des lignes et des surfaces en disant :

Deux lignes, deux surfaces proportionnelles entre elles, ont des projections homologues proportionnelles entre elles.

A des projections homologues proportionnelles entre elles correspondent des surfaces et des lignes proportionnelles entre elles.

CHAPITRE III

Objet : **Surface du Trapèze. — Surface d'un Quadrilatère quelconque. — Surface d'un polygone régulier. Surface-volume de ce polygone** (1).

SURFACE DU TRAPÈZE

Un trapèze, tel ABCD, peut être décomposé en un rectangle IDCJ, et deux triangles ADI et JCB. Pour mesurer la surface du trapèze, il suffit de faire la somme des surfaces, du rectangle et des deux triangles (fig. 20).

Menons par E, milieu de AD, une parallèle EH aux bases DC et AB; appelons H, la hauteur DI du trapèze.

$$\text{Surface-rectangle IDCJ} = \text{IJ} \times \text{DI} = \text{FG} \times \text{H}.$$
$$\text{Surface-triangle ADI} = \text{EF} \times \text{H}.$$
$$\text{Surface triangle JCB} = \text{GH} \times \text{H}.$$
$$\overline{\text{Surface trapèze} = (\text{FG} + \text{EF} + \text{GH}) \times \text{H}.}$$

Or, $\text{GH} = \dfrac{\text{JB}}{2}$, $\text{EF} = \dfrac{\text{AI}}{2}$, et $\text{FG} + \text{GH} + \text{EF} = \text{EH}$.

Donc $\text{EH} = \dfrac{\text{AB} + \text{DC}}{2}$.

On appelle EH, *base moyenne du trapèze. La base moyenne est égale à la demie somme des bases parallèles. La surface du trapèze est égale au produit de la base moyenne par la hauteur qui sépare les côtés parallèles* (2).

SURFACE D'UN QUADRILATÈRE QUELCONQUE

On peut toujours décomposer un quadrilatère quelconque en triangles, en joignant les sommets, à un point quelconque de la surface circonscrite par les côtés du quadrilatère. La surface de ce quadrilatère, dans le plan de cette surface, est égale à la somme des surfaces des triangles de décomposition. Nous définirons ci-après les projections de cette surface sur les deux autres plans de comparaison (fig. 21).

MESURE DE LA SURFACE D'UN POLYGONE QUELCONQUE

Nous prendrons un polygone dont la surface est verticale, par exemple, et nous supposerons ce *polygone régulier.* c'est-à-dire tel, que tous les éléments rectilignes qui constituent le *périmètre.* c'est à dire le pourtour de la surface limitée par la ligne polygonale régulière, soient égaux entre eux.

Nous démontrerons ci-après, qu'un tel polygone est *inscriptible dans un cercle.* Le *cercle* est une surface limitée par une ligne courbe régulière appelée *circonférence.* La circonférence se définit par cette propriété, que tous ses points sont également distants d'un point de la surface qu'elle circonscrit. Ce point est le *centre* du cercle.

(1) Voir détail des matières à la table.

(2) Pour les surfaces des Polygones, nous n'étudierons la mesure de la surface que pour le polygone vertical par exemple; pour la surface des polygones inclinés, nous répéterons les raisonnements que nous avons faits pour les surfaces parallélogrammes ou triangles dont ces polygones sont constitués.

Un polygone régulier, inscriptible dans un cercle, est tel, que tous ses sommets s'appuient sur la circonférence, et que la droite qui joint ces sommets au centre du cercle est une droite de longueur constante, appelée le *rayon* du cercle.

Soit le polygone régulier ABCDEF. Ce polygone, formé de six côtés égaux, est un *hexagone régulier*. Ce polygone est situé dans le plan vertical, et nous supposons que l'un de ses côtés, AB par exemple, est parallèle à XY, trace de notre plan horizontal de comparaison (fig. 22).

Si nous joignons O, centre de cet hexagone, et du cercle circonscrit à cet hexagone, à tous les sommets de l'hexagone, nous décomposerons cette surface en celle de six triangles égaux entre eux.

Ces triangles sont en outre équilatéraux, parce que le côté AB, de ce polygone, est égal au rayon du cercle, c'est-à-dire à OA, OB, OC, etc.

La surface de cet hexagone sera égale, à six fois la surface de l'un des triangles de décomposition. Triangle EOD, par exemple, a pour mesure $\frac{ED}{2} \times OG$. ED est le côté de l'hexagone égal à R, rayon du cercle, OG est la hauteur commune à tous les triangles de décomposition ; on l'appelle *apothème*, on la note a.

$$\text{Donc, surface tr. EOD} = \frac{R \times a}{2}.$$

$$\text{Surface hexagone} = \frac{6 (R \times a)}{2} = 3\,R.\,a.$$

La surface de l'hexagone régulier est égale au produit du demi-périmètre par l'apothème du triangle de décomposition.

Remarquons que tous ces triangles ont même surface, et que cette surface peut être mesurée par des dimensions situées dans les mêmes plans de comparaison. Car, pour le triangle FAO, par exemple, incliné dans le plan vertical, nous pourrons prendre pour base OF = R et pour apothème AA_1 = OG.

Pour obtenir la projection horizontale de l'hexagone, nous considérerons que la ligne FC, étant la plus grande ligne horizontale du polygone et étant parallèle à AB, c'est-à-dire à XY, nous pourrons la prendre pour trace du plan horizontal de comparaison, sur laquelle nous projetterons les surfaces des trois triangles situés de part et d'autre de cette ligne.

Or, FC représentera la projection horizontale du demi-hexagone FABC, car AB, ligne parallèle au plan horizontal, se projette suivant A_1B_1, OB se mesure par OB_1, OA par OA, CB et FA respectivement par B_1C et A_1F.

Nous ferions le même raisonnement pour les surfaces des trois triangles situés au-dessous de FC.

Donc la ligne FC, considérée en surface c'est-à-dire avec son épaisseur, $e = 1$, représente la projection horizontale de l'hexagone ABCDEF.

Nous ferions un raisonnement analogue pour démontrer que GG_1, *considérée en surface, représente la projection latérale de l'hexagone* ABCDEF.

Ces lignes surfaces FC_1, GG_1 sont les surfaces *géométriques* de l'hexagone sur les deux plans de projection horizontal et vertical latéral.

Nous avons dit que la surface géométrique, *distincte de la surface latérale ou superficielle*, était celle qui entrait dans la mesure du volume d'un solide.

Or, ici apparaît l'unité de la méthode : de même que, une ligne, une surface, se mesurent par leur projection, de même la *surface géométrique qui est la surface de projection de la surface latérale d'un solide*, va nous permettre de mesurer le volume d'un solide.

Pour faire de cet hexagone, que nous avons considéré comme surface plane, un solide, c'est-à-dire un volume, il nous suffit de considérer la surface de l'hexagone, comme une surface-volume, en tenant compte de son épaisseur, $e = 1$.

Nous trouverons pour surface-volume, c'est à dire pour expression du volume de l'hexagone d'épaisseur, $e = 1$,

$$\text{Surf. vol. hexagone} = 3ED \times OG \times e.$$

Ce que l'on peut écrire en remplaçant ED par R, OG par a.

Surf. vol. hexagone $= 3R. a \times e.$

Nous nous proposons d'exprimer le volume en fonction de la projection horizontale. FG $= 2R$. Il suffira de connaître combien la surface de l'hexagone contient de lignes-surface 2R.

Pour le savoir, il nous suffit de constater, que la figure FABC est un trapèze, dont la base moyenne KL. est égale à $\dfrac{R + 2R}{2} = \dfrac{3R}{2}$.

La surface de ce trapèze est $\dfrac{3R}{2} \times a$; il y a deux de ces trapèzes dans la surface de l'hexagone ; d'où surf. hexagone $= \dfrac{3R.a}{2} \times 2 = 3R.a$.

En divisant cette surface par 2R, nous obtiendrons le résultat cherché : $\dfrac{3}{2} a$.

La surface-volume de l'hexagone, exprimée en fonction de sa projection horizontale, droite volume d'épaisseur e. sera : $(e \times 2R) \times \dfrac{3}{2} a = 3 R.a.e.$

Nous exprimerions de même le volume en fonction de la surface latérale GG_1, ligne-volume $2a \times e$.

Surf-vol. hexagone $= \dfrac{3}{2} R \times (2a \times e = 3R.a \times e.$

Une autre méthode de déterminer le volume. serait d'exprimer a en fonction de R, mais nous ne pouvons obtenir ce résultat. avant d'avoir *appris à exprimer une droite en fonction de ses projections, ce qui sera l'objet du livre I de la deuxième partie.*

Pour mesurer le volume d'un solide, il faut d'abord faire sa surface dans un des plans de projection, puis chercher, dans un des deux autres plans, la troisième dimension qui, avec ladite surface, déterminera le volume.

LIVRE III

MESURE DES VOLUMES A COTÉS RECTILIGNES

CHAPITRE PREMIER

Objet : **Mesure du volume du parallélipipède rectangle. — Deux volumes, qui ont des projections homologues égales sur deux des plans de projection, sont égaux. — Réciproquement : à des projections homologues égales sur deux des plans de projection, correspondent des volumes égaux. — Mesure du volume du prisme. — Mesure du volume de la pyramide. — Surface latérale des solides rectilignes, et surface géométrique (1).**

VOLUME DU PARALLÉLIPIPÈDE RECTANGLE

Soit un parallélipipède rectangle ABCDEFGI (fig. 23).

Nos trois plans de comparaison sont ceux que nous avons définis. Sur ces trois plans, la surface de projection du parallélipipède rectangle est un rectangle : ABCD, sur le plan vertical, dont les dimensions sont L et H ; DCEF, sur le plan horizontal, dont les dimensions sont : L et E ; BDIF, sur le vertical latéral, dont les dimensions sont : H et E.

Il nous suffit de connaître deux de ces surfaces, et leurs dimensions, pour avoir les trois dimensions qui nous permettront de mesurer le volume du parallélipipède.

En effet ce volume est indifféremment exprimé par :

Surface ABCD $\times$ E $=$ L $\times$ H $\times$ E, ou surface DCEF $\times$ H $=$ L $\times$ E $\times$ H, ou surface BDIF $\times$ L $=$ H $\times$ E $\times$ L.

La surface ABCD, est une surface-volume d'épaisseur. $e = 1$: le volume du parallélipipède s'exprime donc par la sommation E, de surface L $\times$ H $\times$ 1. Or, la surface L $\times$ H, est une surface plane : L $\times$ H $\times$ F la surface-volume ABCD, sera L $\times$ H $\times$ F, et le volume parallélipipède exprimé en fonction de la surface ABCD, doit s'écrire :

$$\text{Volume} = L \times H \times F \times E.$$

C'est à dire que le volume du parallélipipède se *mesure en fonction de son point élémentaire*, formule que, par *abréviation* et *convention*, nous écrivons :

$$V = L \times H \times E.$$

La connaissance des deux surfaces ABCD et DCEF, qui ont une dimension commune, nous a suffi pour établir le volume, et nous pouvons dire :

---

(1) Voir détail des matières à la table.

Qu'un volume est déterminé, quand sont connues ses projections, sur deux des plans de comparaison.

Nous ferions de même le volume, en fonction de surface DCEF, à la condition que, ABCD ou BDIF, qui ont avec DCEF une dimension commune, soit connue :

$$\text{Volume} = \text{surface DCEF} \times \text{H} = \text{L} \times \text{E} \times \text{H}.$$

C'est une sommation, en nombre H, de surfaces DCEF ; or, H est une des dimensions de surface ABCD, et de surface BDIF.

De même, exprimée en fonction de BDIF, une des autres projections étant connue :

$$\text{V} = \text{surface BDIF} \times \text{L} = \text{H} \times \text{E} \times \text{L}.$$

Le volume est une sommation, en nombre L, de surfaces BDIF.

Si nous construisons un parallélogramme rectangle égal à ABCDEFI, ses surfaces de projection, sur les plans de comparaison, seraient égales à celles de ABCDEFI, elles donneraient les mêmes dimensions pour l'expression du volume. Nous concluons :

Deux volumes égaux ont des projections homologues égales sur les plans de comparaison.

Deux projections suffisent pour la détermination des dimensions du volume.

A des projections homologues égales sur les plans de projection correspondent des volumes égaux.

VOLUME DU PRISME

Si nous menons le plan CEBI, la figure est décomposée en deux volumes semblables, qui sont égaux, parce que leurs projections homologues sont égales sur les plans de comparaison, ce qu'il est facile de vérifier. Les surfaces homologues des volumes CBDEIF, et CABEGI sont égales (fig. 23).

La mesure de chacun de ces volumes est : $\dfrac{\text{L} \times \text{H} \times \text{E}}{2}$.

Nous pouvons aussi mesurer ces volumes directement. Vol. CBDEIF $=$ Surf. tr. CBD $\times$ E ; or, surf. tr. CBD $= \dfrac{\text{Surf. ABCD}}{2}$, donc :

$$\text{Vol. CBDEIF} = \frac{\text{Vol. parallélipipède}}{2}.$$

La figure CBDEIF, représente un volume qu'on appelle, *un prisme droit à bases parallèles*. Les bases de ce prisme, sont les faces triangulaires parallèles CBD et EIF. Le volume CABEGI est un deuxième prisme droit à bases parallèles. La somme des volumes de ces deux prismes est égale au volume du parallélipipède rectangle.

Donc le volume du prisme droit triangulaire CBDEIF, est égal au demi volume du parallélipipède rectangle ABCDEGIF, dont les bases sont dans le même plan, dont la distance qui sépare les bases est la même.

Un prisme droit a pour mesure, le produit de la surface de sa base, par la distance qui sépare les deux bases parallèles.

En menant, dans le parallélipipède rectangle, un plan passant par les deux diagonales GB et ED, on décomposerait le parallélipipède rectangle, en deux prismes droits égaux en volume, chacun d'eux ayant pour mesure le demi-volume du parallélipipède rectangle.

$$\text{Vol. prisme GABEGD} = \text{Surf. GED} \times \text{H} = \frac{\text{L} \times \text{E} \times \text{H}}{2} ;$$

$$\text{Vol. prisme GIBEFD} = \text{Surf. EFD} \times \text{H} = \frac{\text{L} \times \text{E} \times \text{H}}{2}.$$

C'est sous la forme du prisme droit, perpendiculaire au plan horizontal, que la Géométrie considère ce volume et l'on dit :

Le prisme droit a : pour mesure, le produit de la surface de base, par sa hauteur.

Le volume du prisme étant défini, nous devons chercher la mesure de la surface géométrique, en fonction de laquelle, on peut obtenir l'expression de ce volume en mesurant cette surface géométrique, dans les trois plans de comparaison.

Nous avons dit, que la surface géométrique diffère, de la surface superficielle, ou latérale.

En effet, la surface latérale du prisme droit CBDEIF, se compose des surfaces qui limitent ce volume, c'est à dire de : Surf. CBD + surf. EIF + surf. CEBI + surf. BIDF. + surf. CEDF.

Or, pour l'expression du volume, en employant la surface géométrique dans le plan vertical, c'est à-dire la projection du volume prisme CBDIF, sur le plan vertical, nous obtenons :

$$\text{Vol. prisme} = \text{Surf. CBD} \times E = \frac{L \times H \times E}{2}.$$

Nous allons démontrer, que les projections du prisme, sur les deux autres plans de comparaison, nous permettront d'obtenir des surfaces géométriques, en fonction desquelles nous définirons le volume du prisme.

Or, si sur le plan vertical, la projection du volume est la surface triangulaire CBD, sur le plan horizontal la projection du volume est rectangle CEFD, de même sur le vertical latéral cette projection est le rectangle BIDF.

Or, le volume devrait s'obtenir en faisant le produit de cette surface de projection par la troisième dimension du volume.

$$\text{Surf. rectangle CEDF} = L \times E,$$

la troisième dimension est H.

$$\text{Donc vol. prisme} = L \times E \times H :$$

de même surf. BIDF = H × E, la troisième dimension est L; donc vol. prisme = H × E × L.

Or, nous allons faire entrevoir, nous réservant de le démontrer, de manière rigoureuse, au livre I, deuxième partie, que les surfaces CEDF et BIDF sont en réalité, *doubles, de la surface réelle de projection du prisme CBDEIF sur le plan horizontal et sur le vertical latéral.*

En effet, la surface CDEF est, sur le plan horizontal, *à la fois*, la projection du volume du prisme CBDEIF, et du volume du prisme CABEGI, de même volume que le premier. Donc la surface projetée CEDF, appartient pour moitié à chacun de ces deux volumes.

C'est d'ailleurs ce qui ressort de la mesure de ces mêmes prismes, quand on les considère comme perpendiculaires au plan horizontal, les volumes sont CABEGB et DEFEGI.

Nous pourrons dire aussi, la surface CEDF est, *à la fois*, la projection de la face inclinée CEBI, appartenant au prisme droit CBDEIF, et au prisme droit CABEGI.

Mais nous pouvons, dès maintenant, avec les seules connaissances que nous possédons, démontrer que les surfaces de projection, sur le plan horizontal, et sur le vertical latéral, du prisme droit CBDEIF, sont respectivement égales à surf. $\frac{CDEF}{2}$, et à surface $\frac{DBIF}{2}$.

En effet, la surface du triangle CBD est égale à $\frac{CD}{2} \cdot BD$:

Or, prenant le milieu K de BD, si nous menons la parallèle JK, elle sera égale à $\frac{CD}{2}$, et surface CBD peut s'exprimer : JK · BD.

La surface BIDF se mesure par H × E, elle est une sommation H, de lignes égales à DF = E. Si nous menons KN parallèle à DF, cette droite est dans le plan de JK. Nous tracerions de même JM parallèle à CE, NS parallèle à EF. La surface JKMN est égale à : surf. $\frac{CDEF}{2}$, car la mesure est $\frac{L}{2} \times E$, et nous allons démontrer que cette surface JKMN, est la surface élémentaire horizontale, qui nous permet de mesurer le volume du prisme CBDEIF, autrement dit que :

$$\text{Volume prisme} = \text{surface JKMN} \times H = \frac{L}{2} \times E \times H = \frac{L \times E \times H}{2}.$$

En effet, le prisme CBDEIF est un triangle, représenté en surface-volume, mais sa dimension épaisseur est E, au lieu de e = 1. Or, E = n. e. C'est-à-dire, que nous pourrions décomposer ce volume, en autant de triangles élémentaires, que E contient de fois la dimension élémentaire e = 1.

Donc, la surface-volume de chacun de ces triangles, surface-volume élémentaire, sera : JK × 1 × H ; le volume du prisme, e étant égal à 1, sera : JK × E × 1 × H = JK × E × H. Or, JK × E est la surface du rectangle JKMN, et cette surface est : (JK étant égale à $\frac{L}{2}$) $\frac{L}{2} \times H$.

Donc volume-prisme $= \frac{L}{2} \times E \times H = \frac{L \times E \times H}{2}$.

La surface géométrique du prisme CBDEIF, dans le plan horizontal, est JKMN *moitié de la surface apparente de projection CEFD*.

Nous démontrions par les mêmes moyens que la surface géométrique du prisme sur le vertical latéral est le rectangle JMPQ, *moitié du rectangle BIDF*.

Et il n'est pas besoin d'insister pour faire remarquer combien ces trois surfaces géométriques diffèrent de la surface latérale du prisme.

La Géométrie orthodoxe, n'établit le volume du prisme qu'en fonction de la surface d'une des bases parallèles : c'est en effet, la seule de ces projections qui soit la projection réelle, mais cette géométrie est incapable de définir les projections horizontale et latérale, en fonction desquelles le volume doit pouvoir être mesuré, par analogie au volume du parallélipipède rectangle de volume double du prisme, lequel, peut être évalué en fonction de ses trois projections sur les plans de comparaison.

La surface latérale, ne peut entrer dans l'expression du volume, parce que *l'expression du volume est, et ne peut être, que l'expression de la sommation d'une surface, c'est à dire le produit de cette surface par une troisième dimension*. Or, la surface latérale du parallélipipède, comprend six surfaces égales deux à deux : la surface latérale du prisme comprend cinq surfaces, dont deux sont égales entre elles.

La surface latérale ou superficielle ne peut être utilisée, que pour le cas, où il est besoin de mesurer ces surfaces, *dans leur plan*. La surface latérale, hors cet usage, est une *hérésie géométrique*.

VOLUME DE LA PYRAMIDE

Si, dans la face ECBI, (fig.23) nous menons la diagonale EB, et dans la face CEDF, la diagonale ED, autrement dit si par BD et le point E, nous menons un plan, ce plan sera perpendiculaire au plan horizontal de la face CDEF, puisque BD est perpendiculaire à CD, à DF et à ED ; ce plan, décomposera le prisme en deux solides, qu'on appelle *pyramides*. La première est la pyramide *triangulaire* BECD. B est le *sommet* de la pyramide. Cette pyramide est *rectangulaire*, ou *droite*, parce que son arête BD, perpendiculaire à la base, mesure la hauteur du sommet B, au dessus de la base CED. BD est la *hauteur* de cette pyramide.

La deuxième pyramide, est la pyramide *quadrangulaire* EDBIF. E est son sommet, le rectangle BDIF est la base de cette pyramide. La hauteur de cette pyramide est la perpendiculaire abaissée de E, sur le plan de la base : cette hauteur se confond, dans ce cas, avec l'arête EF. La pyramide quadrangulaire est donc aussi une pyramide *rectangulaire*.

Les *faces* de la pyramide sont des triangles, perpendiculaires sur le plan de la base, ou inclinés sur le plan de base, et qui ont pour sommet commun, le sommet de la pyramide.

Dans la pyramide triangulaire les faces sont au nombre de trois. Dans la pyramide quadrangulaire au nombre de quatre. *Les faces d'une pyramide sont en nombre égal, au nombre des côtés du polygone de base.*

Lorsque la base de la pyramide est un polygone régulier et que la hauteur tombe au centre du polygone de base, la pyramide est dite *régulière*.

Si dans la pyramide quadrangulaire EBDIF, nous menons un plan par le point B et la ligne EF, nous décomposons cette pyramide en deux pyramides triangulaires, ayant pour sommet commun, le point B. Ces pyramides sont : B.EDF et B.EIF.

Nous avons ainsi décomposé le volume du prisme CBDEIF, en trois volumes-pyramides ayant le même sommet B. Ces pyramides sont B.CED, B.EDF, B.EIF.

Si nous démontrions que ces trois pyramides ont même volume, le volume de chacune d'elles serait égal au tiers du volume du prisme.

Nous allons étudier les projections de ces pyramides sur les trois plans de projection. Si les surfaces homologues projetées sont égales entre elles, les volumes seront égaux entre eux (page 35).

	Pyramide BCED	Pyramide BEDF	Pyramide BEIF
Proj. sur plan horiz. — surf.	tr. CDE $= \dfrac{L \times E}{2}$	$=$ tr. EDF $= \dfrac{L \times E}{2}$	$=$ tr. EDF $= \dfrac{L \times E}{2}$
» sur plan vert. — surf.	tr. BCD $= \dfrac{L \times H}{2}$	$=$ tr. EIF $= \dfrac{L \times H}{2}$	$=$ tr. EIF $= \dfrac{L \times H}{2}$
» sur plan vert. lat. — surf.	tr. BFD $= \dfrac{H \times E}{2}$	$=$ tr. BFD $= \dfrac{H \times E}{2}$	$=$ tr. BIF $= \dfrac{H \times E}{2}$

$$\text{Or, surf. CDE} = \text{surf. EDF}$$
$$\text{surf. BCD} = \text{surf. EIF}$$
$$\text{surf. BFD} = \text{surf. BIF}$$

Les projections homologues de ces pyramides sont donc égales entre elles, sur les plans de comparaison, et nous pouvons écrire :

$$\text{Vol. pyramide BECD} = \text{Vol. pyramide BEDF} = \text{Vol. pyramide BEIF.}$$

Or, comme la somme de ces volumes est égale au volume du prisme BCDIEF, nous pouvons écrire :

$$\text{Vol. pyramide BECD} : = \frac{\text{Vol. prisme}}{3} = \frac{L \times E \times H}{2 \times 3}$$

Comme la surface de la base de cette pyramide est : $\dfrac{L \times E}{2}$, le volume peut s'écrire :

$$\text{Vol. pyramide} = \frac{\text{Surf. base} \times H}{3}.$$

Ce que l'on traduit : *Le volume de la pyramide triangulaire BCED, est égal au tiers du produit de la surface de base, par la hauteur de la pyramide* (un tiers prisme CBDEIF).

Dès lors, le volume de la pyramide quadrangulaire E.BDFI, est égal aux deux tiers du volume du prisme CBDEIF, ou au tiers du prisme construit sur la base BDIF, et la hauteur EF. Or, un tel prisme est le parallélipipède rectangle ABCDEIF de surface double du prisme CBDEIF. *Ce parallélipipède rectangle est, en effet, lui même un prisme quadrangulaire.* Donc :

$$\text{Vol. pyramide EBDEFI} = \frac{\text{Vol. parallélipipède rectangle}}{3} = \frac{L \times H \times E}{3}.$$

H $\times$ E est la surface de base BDFI ; L, est la hauteur du sommet E, de la pyramide, au dessus de cette base.

La formule générale, du volume de la pyramide, s'exprime donc :

Le volume de la pyramide est le tiers du volume du prisme de même base et de même hauteur.

Le volume de la pyramide est égal au tiers du produit de la surface de base, par la hauteur du sommet au dessus du plan de la base.

La Géométrie orthodoxe interprète ce résultat en disant : *Le volume de la pyramide est égal au produit de la surface de base par le tiers de la hauteur.*

$$\text{Vol. pyramide} = \text{surf. base} \times \frac{H}{3}.$$

Nous allons discuter cette interprétation.

DISCUSSION DE LA FORMULE DU VOLUME DE LA PYRAMIDE

Pour l'établissement du volume de la pyramide, nous sommes arrivé, par des *procédés différents*, au résultat obtenu par la Géométrie orthodoxe et nous avons formulé ce résultat dans les termes et la forme employés par la Géométrie actuelle.

Mais, ce résultat est-il bien un résultat *géométrique ?* c'est-à-dire *le résultat ainsi formulé est-il susceptible d'être géométriquement représenté ?*

À considérer la formule : surface-base $\times \frac{H}{3}$, il semble bien qu'il n'en est pas ainsi, car il est impossible de représenter $\frac{H}{3}$.

Un volume est une sommation de surfaces, mais encore faut-il que la notation algébrique qui représente le nombre de ces surfaces, *soit une ligne géométrique*. Or, la ligne correspondant à $\frac{H}{3}$, n'existe pas dans le parallélipipède, pas plus que dans les volumes, prismes et pyramides, en lesquels nous l'avons décomposé.

Et de même que dans la mesure du prisme, nous avons fait toucher du doigt, un des nombreux paradoxes auxquels donne lieu l'application *de l'Algèbre à la Géométrie,* ou, pour mieux dire, *la généralisation de la Géométrie par l'Algèbre, en démontrant que les projections géométriques horizontale et latérale du prisme sont égales chacune à la demie surface de projection* (1) : *de même nous allons montrer que la surface de projection de la pyramide, c'est-à-dire la surface géométrique de la pyramide, est égale au tiers de la surface des triangles de projection que nous avons définis ci-dessus* (page 38).

Tout d'abord, nous allons préciser que la formule : Le volume de la pyramide, est égal au produit de la surface de base, par le tiers de la hauteur du sommet au dessus de la base, est un résultat *algébrique et non géométrique.*

En effet, en vertu du raisonnement *géométrique,* nous avons défini que les volumes des trois pyramides, en lesquelles nous décomposons le volume du prisme, étaient égaux entre eux.

D'où, *géométriquement* encore, nous avons conclu que le volume de la pyramide triangulaire est égal au tiers du volume du prisme, de même base et de même hauteur.

Mais, c'est *algébriquement* qu'on peut tirer de la formule :

$$\text{Vol. pyr.} = \frac{L \times H \times E}{2 \times 3}. \qquad \text{Vol. pyr.} = \frac{L \times E}{2} \times \frac{H}{3}.$$

Or, ce résultat n'est pas un résultat *géométrique* puisque nous ne pouvons représenter $\frac{H}{3}$.

Nous allons faire *pressentir,* car nous ne pourrons le *démontrer rigoureusement* qu'au livre I, 2ᵉ partie, que la formule véritable exprimant géométriquement le volume de la pyramide, est :

$$V = \frac{L \times E}{2 \times 3} \times H.$$

Nous avons démontré que les surfaces *apparentes* de projection du prisme de CBDEIF, étaient le double de la projection *réelle* ou *géométrique,* parce que sur ces surfaces se projettent deux prismes (fig. 23, page 37).

De même nous avons démontré ci-dessus (page 38) que sur chacun des plans de comparaison les projec_

tions des pyramides BECD, BEDF, BEIF sont égales, non seulement, mais sont communes. Donc la surface de projection de chacune de ces pyramides est égale au $\frac{1}{3}$ de cette projection.

Chacune de ces pyramides a donc pour projection, réelle ou géométrique, le tiers de chacune de ces surfaces.

$$\text{Donc : Vol. pyr. BECD} = \frac{L \times E}{2 \times 3} \times H.$$

$$\text{Vol. pyr. BEDF} = \frac{L \times E}{2 \times 3} \times H.$$

$$\text{Vol. pyr. BEFI} = \frac{H \times L}{2 \times 3} \times E.$$

De la discussion qui précède, nous devons conclure que, nul *résultat algébrique* ne peut être regardé comme *mathématiquement exact, si ce résultat ne peut être géométriquement représenté*.

La surface géométrique de la base d'une pyramide rectangulaire est donc le tiers de la surface superficielle ou réelle, suivant le plan considéré, du prisme de même base et de même hauteur.

Cette surface géométrique est très éloignée, il est aisé de s'en rendre compte, de la surface latérale de la pyramide, puisque la surface latérale est formée de trois faces, *mesurées dans leur plan*, alors que la surface géométrique est le tiers de la surface d'une des trois faces triangulaires. On peut dès lors comprendre, que l'on ne puisse faire entrer l'expression de la surface latérale dans la formule du volume, d'autant que pour exprimer la surface latérale de la pyramide BECD, par exemple, il faut employer des lignes de bases, telles que ED, des hauteurs, telles que BC, qui sont des *longueurs linéaires* n'ayant rien de commun avec les dimensions L, H, E, du parallélipipède ou du prisme origines (1).

Donc, la pyramide est une portion définie, précise du volume du parallélipipède, et ne peut se mesurer par conséquent, que par les mêmes dimensions L, H, E, exprimées en fonction du point élémentaire, unité de mesure du parallélipipède rectangle.

MESURE DU PARALLÉLIPIPÈDE, DU PRISME, DE LA PYRAMIDE OBLIQUES

Soit un parallélipipède ABCDEFGI, dont la base est le rectangle AGID, les arêtes de ce parallélipipède sont obliques par rapport au plan de la base, (fig. 24).

Ce parallélipipède se mesurera par le parallélipipède droit de même base et de même hauteur, puisque sur les plans de comparaison, les projections géométriques du parallélipipède, seront les rectangles de projection mesurant les parallélogrammes qui circonscrivent son volume.

$$\text{Donc, vol. parallélipipède} = L \times E \times CD_1.$$

CD_1 est la hauteur du plan de la base BCEF, au-dessus du plan horizontal passant par ADGI.

$$\text{Vol. parall.} = L \times E \times H.$$

Le volume du prisme ACDGFI, sera de même : $\text{vol. prisme} = \dfrac{L \times E \times H}{2}$.

La hauteur de la pyramide CGAD, est la hauteur de son sommet au dessus du plan de la base, elle est CD_1, hauteur commune aux triangles CGA, CAD, CGD. Le volume de cette pyramide est le tiers du volume du prisme droit, projection du prisme oblique.

$$\text{Volume pyramide} = \frac{L \times E \times H}{2 \times 3}.$$

(1) Voir page 24.

MESURES DE VOLUMES POLYGONAUX QUELCONQUES

Sachant mesurer un prisme triangulaire droit, un prisme triangulaire oblique, une pyramide triangulaire oblique, nous pouvons mesurer un prisme ou une pyramide à base polygonale quelconque. Il nous suffira, en effet, de décomposer ce prisme polygonal en prismes triangulaires, le volume du prisme à base polygonale sera la sommation des volumes des prismes triangulaires de décomposition.

Dans chacun de ces prismes triangulaires, nous pouvons déterminer la pyramide $\frac{1}{3}$ en volume du prisme. La pyramide polygonale sera la sommation de ces pyramides triangulaires. Son volume sera le tiers du volume du prisme polygonal.

Et nous résumerons la mesure des volumes des solides à faces rectilignes qui, en réalité, se réduisent à deux, le prisme et la pyramide, le parallélipipède étant un prisme à base quadrilatère.

La mesure d'un prisme est égale au produit de sa surface géométrique dans un des plans de comparaison, par la troisième dimension qui n'entre pas dans la surface de projection, ou pour employer la formule consacrée par l'habitude, mais dont nous connaissons la valeur réelle :

Le volume d'un prisme quelconque est égal au produit de la surface de base par la hauteur qui sépare les deux bases parallèles.

Le volume de la pyramide est égal au tiers du produit de la surface de base par la hauteur de son sommet au-dessus du plan de la base.

VOLUMES SEMBLABLES OU PROPORTIONNELS

Si nous concevons un parallélipipède, un prisme, une pyramide, qui soient respectivement, par exemple, égaux en volume, au tiers d'un parallélipipède, d'un prisme, d'une pyramide donnés, les premiers volumes seront *semblables* aux seconds, et les projections des premiers volumes, sur les plans de comparaison, seront *semblables* aux projections homologues des seconds, c'est dire que les surfaces homologues de projection seront *semblables*, autrement dit *proportionnelles*.

Le rapport des surfaces homologues de projection des premiers volumes, aux surface des seconds, seront dans ce cas particulier, comme les nombres 1 et 3.

Nous sommes ainsi amenés à conclure :

Deux volumes semblables ont des projections homologues proportionnelles sur les trois plans de comparaison.

A des projections homologues semblables sur les trois plans de comparaison correspondent des volumes proportionnels.

Deux projections homologues proportionnelles suffisent à déterminer deux volumes proportionnels.

CHAPITRE II

Objet : **Constructions graphiques de formules algébriques relatives à la mesure des surfaces et des volumes** (1).

Nous terminerons cette première partie, en construisant géométriquement quelques formules algébriques.

Un carré dont le côté a pour valeur algébrique a, a pour surface a^2. a^2 est une expression qui indique *géométriquement* le carré construit sur la dimension a, mais aussi *arithmétiquement* le nombre de points carrés de surface $1 \times 1 = 1^2$, contenu dans le carré $a \times a$. Autrement dit a^2, aussi bien que a, est une notation qui marque une *quantité arithmétique*. a^2 est un nombre, produit de a par a, sommation a, de quantités numériques a.

En effet, supposons $a = 10$, et soient deux droites AB et AC, côtés égaux d'un carré ABCD. Supposons AB = 10 dimensions, égales à 1, du point unité de mesure. Divisons en dix parties égales, les côtés de ce carré, et menons par les points obtenus, les droites de décomposition de cette surface (fig. 25).

Nous décomposons ce carré en points carrés égaux à 1^2. Nous disons que, le produit des deux dimensions, $a^2 = a \times a = 10 \times 10$, représente le nombre de points élémentaires, 1^2, contenus dans le carré ABCD.

Il est facile de le vérifier, en numérotant ces carrés. Numérotons, de 1 à 10, les carrés suivant AB, en partant de A. Numérotons, de 1 à 10, les carrés suivant AD, en partant de A. Inscrivons, verticalement, dans chaque colonne, en descendant, le produit du chiffre en tête de chaque colonne, par les nombres de 1 à 10. Dans la colonne 2, nous aurons 2, 4, 6, 8 etc. ; dans la colonne 3 : 3, 6, 9, 12, etc.

Le point carré C sera numéroté 100.

Nous pourrons, à tout instant, connaître le nombre de points carrés contenus dans un rectangle, par le produit de ses coordonnées horizontales et verticales. Ce produit sera le chiffre inscrit dans le carré situé à la rencontre des deux coordonnées.

> Horiz. 3 × verticale 3 = 9 = Nombre de points contenus dans carré 3 × 3.
> Horiz. 5 × verticale 7 = 35 —   — rectangle 5 × 7.
> Horiz. 10 × verticale 10 = 100 —   — carré 10 × 10.

Nous avons transformé, en une opération, qui est *la multiplication*, l'opération *addition*, consistant à ajouter pour mesurer la surface de ces carrés et rectangles :

> Dans le 1er cas, 3 lignes contenant 3 points = 9.
> — 2 — 5 lignes — 7 points = 35.
> — 3 — 10 lignes — 10 points = 100.

Cette construction géométrique réalise ce qu'on appelle la *Table de multiplication* ou *Table de Pythagore*.

Et ainsi, nous avons démontré que l'arithmétique et l'algèbre ne sont que des formes de la Géométrie. L'algèbre traduit, en notations conventionnelles plus simples, les résultats arithmétiques dérivant des constructions géométriques.

(1) Voir détail des mesures à la table.

Nous savons construire le carré de surface a^2.

Nous savons construire le rectangle de surface $a \times b$.

Nous voulons construire le carré correspondant à l'expression algébrique $(a + b)^2$.

L'algèbre nous enseigne qu'il faut, pour effectuer le carré de l'expression $(a + b)$, faire le produit $(a + b) \times (a + b)$, et, pour cela, multiplier chacun des termes de la première parenthèse par les termes de la deuxième.

$$(a + b)^2 = (a + b)(a + b) = a^2 + ab + ba + b^2 = a^2 + 2\,ab + b^2.$$

Réalisons cette construction géométrique (fig. 26).

Prenons deux longueurs $a + b$, suivant deux directions perpendiculaires entre elles, nous formons le carré ABCD. Or, ce carré se décompose en deux carrés et deux rectangles : le carré AFEI $= a^2$, les deux rectangles sont FBGE et IECH ; chacun d'eux a pour surface $a \times b$, leur somme $= 2\,ab$. Le carré EGHD a pour surface b^2, donc : *carré sur $(a + b)$ = carré a^2 + 2 rectangles $a \times b$ + carré b^2*.

Nous savons construire le cube a^3 : c'est le cube construit sur trois dimensions égales à a : soit $a = 10$. Si nous procédions, par une décomposition en points cubiques, élémentaire 1, pour ce cube, comme nous avons procédé par décomposition en points carrés, pour le carré de côté $a = 10$, le dernier point cubique aurait pour numéro $1.000 = 10 \times 10 \times 10$.

Nous nous proposons, maintenant, de construire géométriquement l'expression algébrique $(a + b)^3$, le développement de l'expression $(a + b)^3$ est :

$$(a + b)^3 = a^3 + 3\,a^2 b + 3\,a b^2 + b^3.$$
$$= a^3 + a^2 b + a^2 b + a^2 b + a b^2 + a b^2 + a b^2 + b^3.$$

Et en effet, nous voyons que le cube ABCDEFIG (fig. 27), construit sur les dimensions $a + b$, se compose :

1° D'un cube de volume a^3 ;

2° De trois parallélipipèdes rectangles de volume $a^2 b$;

3° De trois parallélipipèdes rectangles de volume $a b^2$;

4° D'un cube de volume b^3.

Nous voyons donc que l'Algèbre exprime **sans graphique** *des constructions que la Géométrie doit réaliser,* **matérialiser.**

Mais, nous l'avons constaté déjà par deux exemples, il faut n'accepter les résultats algébriques, que sous le contrôle de constructions géométriques.

Or, le développement des formules algébriques, qui sont des données purement abstraites, le plus souvent, peut apporter des résultats troublants. Il est certain que tout se mesure, dans la nature, par le volume, or, le volume n'a que trois dimensions. Comment, par exemple, interpréterons nous l'expression a^3.

a^3 est un cube construit sur une dimension a, car $a^3 = a \times a \times a$. Or, avec la notion que a^2 est un carré, c'est-à-dire une surface, il est difficile de se figurer a^3 comme un cube ; mais si nous rappelons que sous la notation a, il y a une valeur numérique, 10, par exemple, nous dirons $a^2 = 100$, a^3 *est le cube construit sur la dimension 100*. Le nombre de points contenus dans ce cube, nombre qui exprime son volume en fonction du point élémentaire 1 est :

$$100 \times 100 \times 100 = a^2 \times a^2 \times a^2 = a^3 = 100 \times 100 \times 100 = 1.000.000.$$

Nous voyons ainsi la simplification apportée par l'algèbre puisqu'au lieu d'écrire : Vol. cube $= 1.000.000$, nous écrivons : Vol. cube $= a^3$.

Et nous conclurons en disant :

Nul résultat algébrique ne peut être accepté, en logique mathématique, s'il ne peut être exprimé par une construction géométrique, ligne, surface, ou volume (1).

---

(1) Nous reviendrons sur ces rapports de la Géométrie, de l'Algèbre, de l'Arithmétique dans l'ouvrage en préparation : *La géométrie et l'algèbre, d'après Pythagore*. — (Note de l'auteur).

THÉORIE DU POINT

DEUXIÈME PARTIE

Mesure des lignes, surfaces, et volumes circulaires.

LIVRE I

MESURE DE LA CIRCONFÉRENCE

CHAPITRE PREMIER

Objet : **De la Circonférence. — Généralités et définitions** [1].

La nature ne présente pas seulement des lignes droites à notre étude, on peut même dire qu'elle ne nous en offre que rarement. La forme générale des solides naturels, que nous avons à mesurer, est constituée par des *lignes courbes*.

Il est donc important de pouvoir mesurer une ligne courbe, pour lui substituer la ligne droite, *dimension*, qui nous servira à déterminer le volume du solide naturel.

Comme la ligne droite, la ligne courbe est évidemment une sommation de points. Il nous faut chercher la relation qui existe entre le point d'une ligne courbe et celui d'une ligne droite, qui, en admettant que celle-ci puisse être substituée à celle-là, dans la mesure du volume, peut être considérée, comme *la ligne droite origine*, donnant naissance à la ligne courbe.

Nous ne pouvons songer à établir une relation, entre une ligne droite et une ligne courbe quelconques. Il nous faut prendre, au début, du moins, une ligne courbe dont tous les points aient, apparemment, la même valeur. On dit de semblable ligne courbe qu'elle est une *ligne courbe régulière*.

La forme la plus simple, la forme élémentaire de la ligne courbe régulière, est la *circonférence*, qui se définit par cette propriété, que tous ses points sont également éloignés d'un point de la surface que cette courbe circonscrit, limite. Ce point s'appelle le *centre* de la circonférence. La surface limitée par la courbe circonférence, s'appelle *un cercle*.

Nous ne traiterons dans cette deuxième partie que de la mesure des lignes, surfaces, et volumes curvilignes *circulaires*.

1. Voir détail des matières à la table.

Soit une circonférence de centre O. Les droites qui, joignent au centre les points de la courbe, s'appellent *des rayons*. Par définition, ces rayons sont, en longueur, égaux entre eux. Appelons R le rayon de cette circonférence (fig. 28).

Menons par le centre O de la courbe, deux plans perpendiculaires entre eux et au plan du cercle. Soient AC et BB₂, les traces de ces deux plans. Ces traces déterminent, avec le plan du cercle, nos trois plans de comparaison ou de projection, tels que nous les avons définis, plans auxquels nous rapporterons les mesures des lignes droites ou courbes, des surfaces et volumes, que nous voudrons étudier. En supposant que le plan du cercle soit vertical, AC sera la trace du plan horizontal, BB₂ celle du vertical latéral.

La droite AOC partage le cercle et la circonférence en deux parties égales, de même la droite BB₂. Ces deux droites, égales en longueur à 2 R, sont des *diamètres* du cercle. De même la droite OB, rayon du cercle, partage en deux parties égales la demi circonférence ABC et la surface du demi-cercle situé au dessus du diamètre AC.

Le point B est le *milieu* de l'arc ABC, il est, de tous les points de la demi circonférence, le plus éloigné du plan de comparaison AC. En effet, sa distance à ce plan est mesurée par la droite OB = R, droite perpendiculaire à AC et qui mesure la distance des deux plans parallèles entre eux dont les traces sont AC et BY.

Si nous prenons un autre point B', sa distance à AC est mesurée par B'B₁, qui mesure la distance des deux plans parallèles entre eux, dont les traces sont AC et B'Y': or, B'B₁ = B₁O, et B₁O < BO < R.

Donc, le point B, milieu de la courbe ABC, est le point le plus élevé de la circonférence au dessus du plan horizontal AC.

Le plan de trace, BY, n'a qu'un point commun avec la courbe ABC, le point B. On dit que ce plan est *tangent* à la courbe ABC, au point B. La droite BY est la *tangente* à la courbe, au point B. Or, BY est perpendiculaire au rayon BO, qui joint le point B, de la courbe, au centre du cercle.

La tangente en un point de la circonférence est perpendiculaire au rayon aboutissant à ce point.

La droite Y'B' qui, prolongée, couperait la circonférence en un deuxième point B", est une *sécante* du cercle, elle se compose d'une partie extérieure au plan du cercle, et d'une partie commune avec ce plan.

Si nous joignons le point B, aux points A et C, par deux lignes droites, BA et BC, on dit que ces droites, qui sont des sécantes de la *surface du cercle*, sont des *cordes* du cercle. Ces deux droites déterminent, avec AC, un triangle ABC, dans lequel les côtés AB et BC sont égaux entre eux, parce que leurs projections, sur deux plans de comparaison, passant par leurs extrémités, sont égales entre elles. En effet, BO est la projection verticale commune à AB et BC, or, BO = R: AO et OC sont les projections horizontales respectives de AB et de BC. Or, AO = OC = R.

Le triangle ABC est donc isocèle, mais, en outre, il est rectangle en B.

En effet, joignons AB₂ et CB₂, la figure ABCB₂ est un *carré*, parce que c'est un parallélogramme dans lequel : 1° les quatre côtés sont égaux ; 2° les diagonales se coupent à angle droit, en leur milieu, et sont égales entre elles. Donc, les quatre côtés de ce parallélogramme sont perpendiculaires entre eux, les angles, en B, C, B₂, A, sont droits.

Le triangle ABC est donc *isocèle rectangle*. Nous remarquons que, dans ce triangle, la hauteur est égale à la moitié de la base, les deux triangles BOC et BOA sont donc également isocèles rectangles.

Dans le triangle isocèle rectangle, la hauteur partage la base en deux parties égales, elle est égale elle même à la moitié de la base.

Le carré ABCB₂ formé par quatre cordes du cercle, égales entre elles, est le *carré inscrit* dans le cercle de centre O, parce que les sommets de ce carré s'appuient sur la circonférence.

La courbe ADBD'C jouit des mêmes propriétés que le triangle isocèle rectangle ABC. En effet, arc ADB = arc BD'C, les projections horizontales et verticales, des côtés de ce triangle *curviligne*, sont égales entre elles et à R.

Si on compare entre elles la ligne AB, corde du cercle, et la courbe ADB, la droite et la courbe ont deux points communs, A et B. mais. tous les autres points de la courbe ADB sont plus éloignés des plans de projection que ne le sont les points de la droite. Par rapport aux plans de projection OB et OA, tous les points de la courbe, sauf les points A et B, communs à la courbe et à la droite. sont extérieurs à la droite AB. On dit que la courbe ADB est extérieure à la ligne AB. elle est *enveloppante*. par rapport à la ligne AB. sa *longueur linéaire* est plus grande que droite AB. Or, il est aisé de se rendre compte que *la ligne AB est la plus grande corde du quart de cercle ADB*. c'est celle, en effet. qui a les plus grandes projections sur les plans de comparaison OA et OB, puisque ces projections sont égales entre elles et à R.

Arc ADB. enveloppant par rapport à AB. est donc *plus grand que la plus grande corde AB. du quart de cercle, qui soustend arc ADB*. On peut donc admettre que. si longueur de l'arc ADB était rectifiée. *la corde AB serait une limite inférieure de la longueur rectiligne de l'arc ADB*.

La corde AB est donc une droite à laquelle nous pouvons comparer la longueur de l'arc ADB.

Nous chercherons. dans la suite. s'il n'existerait pas une deuxième ligne enveloppante à son tour. par rapport à arc ADB, à laquelle nous pourrions aussi comparer la longueur de l'arc ADB. Et. ainsi. nous pourrons comparer la longueur de arc ADB. à deux lignes droites.

Comparer arc ADB. à corde AB. c'est comparer la longueur de la circonférence. au périmètre du carré ABCB₂. Nous comparerons dans cette étude le quart de la circonférence au quart du périmètre du carré inscrit. Nous comparerons arc ADB à AB côté du carré inscrit.

CHAPITRE II

Objet : Développement des propositions qui permettent de mesurer la corde égale au côté du carré inscrit. — Construction par points d'une droite verticale. — Verticale isolée. — Verticale dépendante du cercle. — Coordonnées rectangulaires d'un point (1).

Mais, pour pouvoir comparer arc ADB, à corde AB, il nous faut connaître la valeur de la corde AB (fig. 28).

Pour mesurer cette droite, nous allons la construire. Au Livre Ier (première Partie), nous avons calculé les projections d'une droite de longueur donnée. Dans le cas présent, nous connaissons les projections de la droite; nous allons la construire, c'est à dire déterminer géométriquement et numériquement la droite AB en fonction de ses projections. Mais, pour traiter la question, sous tous ses aspects, nous construirons d'abord une droite verticale, puis nous construirons la droite inclinée AB.

Rappelons que nous avons établi précédemment, que les points qui, par leur sommation, constituent une droite verticale ou horizontale, ont pour dimension 1; c'est à dire que les dimensions du point unité de mesure sont : $l = 1$, $h = 1$, $e = 1$.

Comme les droites que nous avons à construire, appartiennent à la surface du cercle, laquelle, comme tous les plans de comparaison, a pour épaisseur $e = 1$, nous négligerons cette épaisseur, dans l'expression du volume, des points, lignes, surfaces, que nous aurons à mesurer. Nous dirons :

$$\text{Vol. point} = l \times h = \text{surface point.}$$
$$\text{Vol. ligne} = L \times h = \text{surface ligne.}$$
$$\text{Vol. surf.} = L \times H = \text{surface.}$$

Rappelons aussi que nos plans de comparaison sont :

1° Le plan du cercle considéré comme premier vertical.

2° Les plans perpendiculaires au plan du cercle, dont les traces sont : OX, trace du plan horizontal; OB, trace du vertical latéral.

Prenons sur les deux axes, OX et OY perpendiculaires entre eux, deux longueurs OX et OB, égales entre elles et à R, rayon du cercle (fig. 29). Dire que OB, est verticale et égale à R, c'est dire qu'elle est sa propre projection sur le premier vertical et le vertical latéral, et que sa projection horizontale est égale à la surface $l \times e = 1 \times 1$ de son point élémentaire. Cette droite a une longueur R, ce qui signifie qu'elle contient *R points de volume égal à 1*, dont les dimensions $l = 1$, $h = 1$, sont comptées suivant OX et OB.

De même, OX est horizontale et égale à R : elle contient R points égaux à 1 en volume, points dont les dimensions sont comptées suivant OX et OB.

Nous nous proposons d'élever au point A, une verticale égale à R. Cette droite sera donc une parallèle à OB. Pour former cette droite, nous superposerons au point A, une série de points, égaux à 1, de manière que les dimensions h de ces points soient dans le prolongement de la dimension h du point A. Nous superposerons ainsi 1, 2, 3, 4, …, R — 1, de ces points. R — $1 + h$ du point A, nous donnera une droite AC verticale, et égale à R.

____
(1) [illegible]

Mais il est une autre manière de former la verticale AC. Divisons la verticale OB en le nombre de points de dimension $h = 1$, qu'elle contient, soit 15 le nombre de ces points. Il y aura 14 points au-dessus du point O.

Prolongeons les directions verticales de dimensions h, du point A, et marquons sur ces directions AZ, des divisions successives égales à 1. Si, par le point 1, de OB nous menons une parallèle à OA, sa rencontre avec AZ déterminera un point de dimension 1, puisque les deux droites 1.1, et A.1, sont perpendiculaires entre elles. Nous déterminerons le point 2, au moyen de la rencontre de l'horizontale 2.2, avec AZ : et ainsi jusqu'au point B, dont l'horizontale 14 déterminera le point C de AC, tel que AC = B.

Nous avons donc deux manières de déterminer la verticale AC, et il semble que ces deux moyens donnent des résultats identiques. Mais, si on y regarde de plus près, on voit que ces deux droites sont différentes.

La droite AC construite, par superposition de points égaux à 1, est une *verticale isolée*. Sa surface est $R \times (1 \times 1) = R$. C'est une verticale telle que nous l'avons mesurée au Livre Ier (Première Partie).

Mais, pour former la droite AC, au moyen des points de OB et de la verticale AZ, nous avons superposé, en réalité, en chacun des points 2, 3, 4, 5, ... R — 1, de AC, deux points égaux à 1, provenant de la rencontre des composantes horizontales de OB et de la verticale AZ. Nous avons formé en A une verticale *dépendante des points des droites OB et OA*. Et, nous aurons lieu de voir, dans la suite, que cette formation de AC nous donne, sur cette direction verticale, des points de valeur variable, *sinon égaux à 2, du moins supérieurs à 1*. Car, en réalité, si le point A est un point égal à 1, la verticale A.1, qui, par sa rencontre avec l'horizontale 1, de OB, détermine 1, de AC, *cette droite A.1, n'a pas son point égal à 1, puisque le point égal à 1 est le point de la droite AC = R*.

Pour l'instant, sans nous préoccuper autrement de la valeur du point des droites A.1, A.2, A.3, A.4, nous dirons que les points 1, 2, 3, 4, de AC sont formés par la rencontre de deux droites perpendiculaires entre elles. Nous appellerons ces droites les *coordonnées rectangulaires* des points 1, 2, 3, 4, etc. de AC.

Les coordonnées rectangulaires, du point 1 de AC, sont A.1, et 1.1 : celles du point 2 sont A.2, et 2.2, etc., etc. Ce sont les droites que nous avons appelées : projetantes verticales, telles 1.A.2, A.3, A : et projetantes horizontales, qui, ici, sont égales entre elles et à R : 1.1, 2.2, etc.

Pour distinguer ces coordonnées, on les rapporte aux deux plans perpendiculaires entre eux, dont les traces sont OB, et OA, en désignant OB, sous la dénomination : *d'axe des ordonnées*, et OA : *d'axe des abcisses*. Les *ordonnées* et *abcisses* se comptent à partir du point O, dans le sens OB, pour les ordonnées, OA pour les abcisses. A.1, est l'ordonnée du point 1 de AC : 1.1, son abcisse. A.2, est l'ordonnée de 2 de AC : 2.2, son abcisse.

On voit de suite que *les coordonnées rectangulaires d'un point étant connues, ce point est déterminé*.

La première verticale construite, est *une verticale isolée*, la deuxième, est *une verticale astreinte* à être à *la distance constante R de OB*.

Nous pouvons construire de même une ligne horizontale, telle CB = R, par les deux méthodes : 1° en juxtaposant des points suivant la ligne horizontale BZ', en nombre R — 1, à partir de B : 2° au moyen des ordonnées menées des points de OA, jusqu'à la rencontre des abcisses de longueur variable, menées du point B suivant BZ'.

Dans le premier cas, nous aurons une *horizontale isolée* : dans le second, une horizontale *astreinte à être à la distance constante R de OA*.

CHAPITRE III

Objet : **Construction. par points, d'une droite inclinée. Expression de la mesure de cette droite en fonction du rayon du Cercle** (1).

Construire. par points. une droite inclinée. c'est construire une droite dont les projections sont données.

Nous nous proposons de construire la droite AB. plus grande corde du quart de cercle AOB. côté du carré inscrit dans la circonférence de centre O. De cette droite, nous connaissons les projections égales entre elles : OB = R. OA = R. Au moyen de ces projections. nous allons : 1° construire la droite AB : 2° déterminer sa longueur en fonction de la longueur de ses projections. c'est-à-dire en fonction de R, rayon du cercle (fig. 28 et fig. 30).

Lorsque nous avons mesuré une droite, nous l'avons mesurée par ses projections, mais nous n'avons établi aucune relation. entre les projections et la longueur linéaire de la droite. Nous avons dit seulement : L, est la projection de la droite dans le plan horizontal. H, sa projection dans le plan vertical.

C'est *graphiquement* seulement. que nous pouvons obtenir les longueurs L et H; nous mesurons les projections sur le graphique avec une commune mesure. $1°/^m$, par exemple. L vaudra $10°/^m$, H de la même droite vaudra $15°/^m$. Au contraire, pour toutes les droites du cercle, il est admis de les mesurer en fonction du rayon de celui ci. *Nous introduisons donc, une commune mesure nouvelle, entre toutes les droites du cercle, c'est la longueur R du rayon. c'est-à-dire la droite qui contient R points de dimension 1, de surface 1^2, de volume 1^3. La surface de cette droite est R.*

Nous verrons ci après les modifications que l'introduction de cette commune mesure fait subir à la notion même de la droite.

La géométrie orthodoxe démontre. pour exprimer une droite en fonction de ses projections, un théorème important. véritable postulatum. Ce théorème est dit : le théorème *du Carré de l'hypothénuse.* Son énoncé est:

Le Carré construit sur l'hypothénuse d'un triangle rectangle est égal à la somme des carrés construits sur les côtés de l'angle droit

Ce théorème permet de trouver la longueur de la droite AB: il suffit de poser: $\overline{AB}^2 = R^2 + R^2 = 2 R^2$. Or, $\overline{AB}$ est l'expression algébrique d'une surface qui est $AB \times AB$.

R est également une surface $R^2 = R \times R$. On peut donc écrire :

$$AB \times AB = (R \times R) + (R \times R).$$

Ce qui s'énonce : *La surface carrée de côté AB est égale à la somme de deux carrés de côté R.*

La géométrie orthodoxe obtient la *longueur* de l'hypothénuse en extrayant la racine carrée de AB, et l'on pose :

$$AB = \sqrt{2 R^2} = R\sqrt{2}.$$

Or. la racine carrée d'une surface est une fraction de surface ; elle ne peut être une longueur abstraite.

---

(1) Voir détail des matières à la table.

Ce que démontre ce théorème. **c'est qu'une surface peut être égale à la somme de deux autres**. *et cela nous allons. en effet. l'établir.*

L'énoncé de ce théorème est-il exact? Nous allons montrer qu'il n'est pas exact.

A t-il le caractère général, qu'indique son énoncé. c'est à dire permet-il d'obtenir l'hypothénuse quand les projections sont quelconques? Nous montrerons que ce théorème s'applique exclusivement à *la diagonale du carré et par extension à l'hypothénuse du triangle isocèle rectangle seulement.*

Le triangle isocèle AOB, est la moitié d'un carré construit sur OA et OB. égaux à R.

Prenons une longueur OA, égale à R. et divisons-la en le nombre R de points qu'elle contient: pour cela faisons R = 16, par exemple. OA contiendra 16. points surface. de dimensions égales à 1. de surface égale à 1^2. Elevons au point O, une perpendiculaire OB égale à OA. Cette perpendiculaire a le point O commun avec OA. la hauteur de B. au-dessus de OA, sera donc égale à 15 points égaux à : $h = 1$ (fig. 30).

De même, aux points B et A. élevons deux perpendiculaires à BO et AO. Ces perpendiculaires se rencontrent au point C. La figure OACB est un carré.

Numérotons. sur chacune de ces directions. les points carrés autres. que les points communs : il y en aura 14 dans chacune d'elles.

Par les points correspondants de OA et BC. menons des verticales parallèles à OB et AC : de même par les points correspondants de OB et AC, menons des horizontales. Nous décomposerons. par la rencontre de ces abcisses et ordonnées, la surface du carré en points élémentaires égaux à 1^2, en surface. Il y a de ces points 16 fois le nombre des points de la ligne OA, par exemple, qui. elle-même contient 16 points. Donc. nous exprimons *arithmétiquement* la surface de ce carré par:

$$\text{Surface carré} = 16 \times 16 \times 1^2 = 16^2 \times 1^2.$$

L'expression *algébrique* de cette surface serait $R^2 \times 1^2$.

Nous voyons que R^2, n'est pas en réalité une surface : c'est une *expression numérique. exprimée algébriquement qui indique le nombre de points carrés contenus dans la surface carrée OACB.*

Cherchons dans ce carré quelle est la diagonale.

Nous savons déjà que les points A et B appartiennent à cette diagonale. En menant les diagonales aa_1. du point A, bb_1, du point B, nous aurons deux éléments de cette diagonale, car la diagonale aa_1 du point A. est construite sur deux projections. $l = 1$, $h = 1$ du point élémentaire des lignes OA et OB: de même la diagonale bb_1. du point B.

Mais le point I ($c''ca_1c''_1$) égal à A. a des côtés parallèles. c'est à dire situés dans des plans de comparaison parallèles, à ceux du point A. Sa diagonale a_1c. sera donc dans le prolongement de aa_1. Ce point est déterminé par la rencontre de l'abcisse R — 1. de 1. de OB, avec l'ordonnée 2 du point 14 de OA. Nous ferions le même raisonnement pour le point II, pour le point III. etc., et en menant les diagonales de tous ces points aa_1. a_1c, cd, de, ef, etc., b_1b nous obtiendrons. *en direction. la diagonale AB (ab) du carré OACB.* Nous disons en direction car en effet, cette ligne doit avoir une surface.

Il nous faut obtenir la deuxième dimension de cette surface. Or. le point carré A. appartenant à la diagonale et déterminant par sa propre diagonale un élément de la longueur de AB, il nous suffira de prendre l'autre diagonale $a'a_1'$ du carré A, pour obtenir la dimension cherchée. Car, en effet, le point A est formé également par la rencontre de l'ordonnée CA et de l'abcisse OA, le point I. par la rencontre de l'ordonnée du point 14 de BC, avec l'abcisse, 2. de CA. etc. Ces coordonnées déterminent pour les mêmes considérations la deuxième diagonale $a'a_1'$. de A. $c''c''_1$. de I. etc.

Donc, les points de la diagonale sont déterminés par les coordonnées rectangulaires des points correspondants des lignes AO et OB, CB et AC.

Donc. au point A de la diagonale. il y a deux points égaux à 1 superposés ; au point B. deux points égaux à 1 superposés. de même aux points I. II. III. etc.

En prenant pour dimensions du point de la diagonale : aa_1 et $a'a_1'$. qui sont égales. nous déterminons les dimensions d'un point carré, et nous allons démontrer que ce point carré a une surface double du point unité des droites OA et OB.

Pour cela, considérons le point carré I, dont les diagonales sont a_1c et $c''c''_1$. En ce point sont superposés deux points égaux à I. Nous pouvons remplacer ce point double par le point carré $c''c'c''_1c'_1$, dont les dimensions, respectivement égales à celles des diagonales du point I, puisque diagonales de points carrés de dimension I, sont l'une, parallèle à la direction AB, l'autre perpendiculaire à cette direction. Ce point, est égal en surface, au point construit sur les deux diagonales du point carré I.

Or, il est aisé de voir que cette surface $c''c'c''_1c'_1$ est double de la surface du point élémentaire du carré OABC. En effet, la surface de carré $c''c'c''_1c'_1$ se compose de quatre triangles égaux, chacun à la surface du demi carré, point élémentaire de décomposition de surface OABC.

$$\text{Donc, surface } c''c'c''_1c'_1 = 4\,\frac{1^2}{2} = 2 \times 1^2 = 2.$$

Donc, la surface du point $c''c'c''_1c'_1 = 2$, c'est-à-dire deux fois la surface du point élémentaire des droites OB et OA.

Donc, en menant par a une parallèle a_1a_3 à $a'a'_2$, et qui lui soit égale, par a_1, une deuxième parallèle a_4a_3 à $a'a'_2$ et qui lui soit égale, nous obtenons dans le carré $a_1a_4a_3a$ la représentation du point de surface double du point A. Ce point est un point de la diagonale. Nous obtiendrons le deuxième, le troisième, le quatrième point etc. de cette diagonale, en menant par c, d, e, f, etc., des parallèles à $a'a'_2$, lesquelles seront perpendiculaires à la direction ab de la diagonale.

Pour obtenir la diagonale en surface, il nous suffira de réunir par deux directions rectilignes, les sommets des points I, II, III, IV, etc., de chaque côté de la direction ab et nous obtiendrons dans le rectangle $a_1b_1ab_2$, la diagonale *rectangulaire* du carré OACB.

Cette diagonale se compose de 16 points égaux à 2 en surface : A', I' II', III', ...B', puisqu'il y a 16 points, A, I, II, III, ...B formés par la rencontre de 16 ordonnées de OA, avec 16 abcisses de OB, et que les dimensions des points A', I', II', etc., sont les diagonales des points A, I, II, III.

Donc, la surface de la diagonale AB, qui est la ligne $a_1b_1b_2a_2$, est égale à R $\times$ 2 $=$ 2R, c'est-à-dire qu'elle contient : *R points de surface 2*.

En considérant les droites OA et OB, comme *composantes* de la ligne AB, puisque leurs points servent à la former, nous dirons, rappelant que, R, est la surface de OA et OB :

La surface de la diagonale d'un carré est égale à la somme des surfaces des lignes composantes.

Par une construction *géométrique*, nous obtenons donc la valeur de la surface de la ligne AB $=$ 2R. Cette construction géométrique nous permet d'obtenir la longueur linéaire de la ligne AB. Nous n'avons qu'à la mesurer *sur le dessin* et nous la mesurerons, avec la même unité de mesure, que nous adoptons pour mesurer OA et OB. Si OA et OB contiennent 16 centimètres, par exemple, en centimètres et millimètres, nous obtiendrons la mesure *graphique de la ligne AB ab*.

Nous dirons donc que, *graphiquement, la longueur et la surface* [1] *de la diagonale du carré OACB sont représentées par des quantités, finies, rigoureusement déterminées.*

Si, sur la ligne AB ab, égale en surface à 2 R, nous construisons un carré, le point élémentaire de ce carré sera égal à 2. Il y aura 16 $\times$ 16 de ces carrés élémentaires dans le carré ADOF BGCE. Sa surface sera donc : 16 $\times$ 2 $\times$ R $= 2 = 2$R.

Or, celle du carré OACB est 16 $\times$ 1 $= $ R $\times$ 1 $=$ R, nous voyons que la surface du carré DFGE, dont le côté est égal en longueur à la diagonale du carré OACB, est double de la surface de ce dernier carré, car, 2R $=$ R $+$ R. Et, l'on est admis à dire que : *la surface du carré, construit sur la diagonale d'un carré, est égale au double de la surface du carré construit sur l'un des côtés de ce carré, ou, égale à la somme des surfaces des carrés construits sur deux côtés de ce carré.*

---

1. Car, avec la même unité de mesure, nous pouvons obtenir la valeur de a_2a, deuxième dimension de la surface $a_2a\,b_1b_2$.

— 53 —

En réalité, la signification vraie de cette construction est que : **le point de la diagonale d'un carré est égal au double de la surface du point des côtés de ce carré.**

Donc, ce théorème, qu'il s'agisse de la surface de la diagonale, ou de la surface du carré, construit sur la diagonale, établit *qu'une surface est égale à la somme de deux surfaces.*

Géométriquement, graphiquement, nous avons obtenu, en longueur et en surface, des quantités finies pour la ligne AB *abs*, c'est à dire que, mesurant cette ligne avec un double décimètre ou un compas, nous pouvons la porter avec sa *longueur,* avec sa surface, *exactes,* dans telle autre construction qu'il nous conviendra.

Partant de cette construction, et de ses conséquences, quant à *la valeur du point de* AB, l'algèbre intervient pour généraliser ce résultat et éviter les constructions graphiques, elle pose la formule :

$$R^2 \times F + R^2 \times F = 2 R^2 \times F.$$
$$R^2 + R^2 = 2 R^2.$$

2 R² dit l'algèbre, est la surface du carré construit sur la diagonale AB. 2R² est la surface d'un carré de côté, R √2 car *algébriquement* R √2 × R √2 = 2 R² ; comme le côté de ce carré est égal à la diagonale du premier :

Longueur diagonale carré OACB = R √2.

Or, la réalité qu'exprime la formule 2R² est que la surface du carré, construit sur la diagonale contient R², points égaux à 2 × F en surface, soit 16 × 16, points égaux à 2 × F. Donc, √2 < 1 = √2 est la dimension du point de la diagonale, et, nous obtiendrons la surface de ce point, en faisant le carré de √2 :

$$\sqrt{2} \times \sqrt{2} = 2.$$

Mais alors que la représentation, *graphique*, de la longueur du point de la diagonale était finie, l'algèbre substitue à cette quantité graphiquement finie, *le nombre incommensurable* √2, pour exprimer la longueur du point de la diagonale, étant admis que le carré de √2 donne la surface du point, √2 × √2 = (√2)² = 2. Nous appellerons : δ, *la dimension* √2 *qui, élevée au carré, donne la surface du point.*

Cette convention n'a aucun inconvénient, si ce facteur √2 se trouve dans une expression où le radical puisse s'éliminer, pour se transformer en une valeur arithmétique finie. Mais pour exprimer *algébriquement* la longueur de la diagonale, nous n'avons d'autre ressource que de dire, que la longueur AB contient : R, points de longueur √2, d'où AB = R √2. Et pour une longueur abstraite telle AB, géométriquement finie, nous obtenons pour sa valeur arithmétique un nombre incommensurable, car √2 est *un nombre incommensurable.*

Mais si nous cherchons la surface de AB, elle est :

$$\text{Surf. } AB = R \sqrt{2} \times \sqrt{2} = 2 R.$$

Pour rechercher la cause vraie de ce résultat, il faut se rendre compte que l'algèbre *considérant R, comme une longueur, alors que R est une expression numérique, une quantité*, l'algèbre exprime en fonction de *la longueur R* les différentes droites du cercle. En réalité ces droites étant exprimées en fonction de la *quantité* R, R devient la **commune mesure** *de toutes les droites du cercle, commune mesure qui se substitue à la mesure conventionnelle que nous avons admise pour la mesure des lignes, c'est à dire la dimension 1 du point élémentaire.*

Cette introduction de la constante R est cependant indispensable pour la généralisation du théorème que nous venons d'étudier, c'est-à-dire pour exprimer les droites du cercle, et AB est une corde du cercle, en fonction d'une longueur constante qui est le rayon ; mais nous verrons aussi la *modification de principe*, que nous nous bornons à signaler ici, que l'introduction de la *constante R* apporte à la conception du point.

Si maintenant, nous voulons passer de la mesure de la *diagonale* du carré OACB, à la mesure de *l'hypothénuse* du triangle isocèle rectangle OAB, nous constatons qu'il nous suffit, pour obtenir cette hypothénuse en longueur et surface, de diviser le carré OACB en deux triangles isocèles rectangles égaux suivant la direction $aa_1 cd, ...b_1b$. La longueur AB de l'hypoth'nuse reste la même que celle de la diagonale, mais la surface de l'hypothénuse *est moitié de la surface de la diagonale.*

La figure montre, en effet, que la dimension du point de l'hypothénuse est égale à $aa_1, a_1c, cd, de...$ etc, dans le sens de la longueur de la ligne AB. Or. $aa_1, a_1c, cd. = \sqrt{2}$: donc: longueur hyp. $AB = R\sqrt{2}$.

Mais le point de l'hypothénuse est un rectangle tel. $aa_1 a_3 a_2 = \dfrac{a_2 a_1 a_3 a_2}{2}$. La surface de ce point est

$$a_1 \times a a_1 = \sqrt{2} \times \frac{\sqrt{2}}{2} = \frac{2}{2} = 1.$$

Donc. le point de l'hypothénuse $a b a_3 b_1$ (AB) est égal à 1. Il y a R points égaux dans surface ligne hypothénuse AB: *donc surface ligne hypothénuse $a b a_3 b_3$* $= AB = R \times 1 = R$.

Ici apparaît une anomalie: c'est que la droite surface hypothénuse $AB = R$. est égale à la demi somme des composantes OB et OA. Sur ce point, nous nous réservons de revenir ci-après.

La droite hypothénuse AB est donc égale en longueur à la diagonale AB; elle est en surface moitié de la diagonale AB.

Or. la surface du rectangle $a a_1 a_3 a_2$ égale au demi point carré de la diagonale. se compose : du triangle $a_2 a_1 = \dfrac{1}{2}$ point carré élémentaire des droites OA et OB, $+$ 2 triangles, $a a'_3 a_3$ et $a_1 a_3 a'_2$ dont la somme égale $\dfrac{1}{2}$ point carré élémentaire des droites OA et OB.

Nous pouvons dire : le demi point carré de l'hypothénuse est égal à la somme des demis points carrés des côtés de l'angle droit.

C'est à-dire le demi-carré. construit sur l'hypothénuse, est égal à la somme des demi-carrés construits sur les côtés de l'angle droit. Rectangle $ABDF = \dfrac{1}{2}$ carré BB'O'O $+ \dfrac{1}{2}$ carré AA'OO''.

Exprimé sous cette forme. et **par extension.** nous pouvons écrire : *Le carré construit sur l'hypothénuse d'un triangle isocèle rectangle est égal à la somme des carrés construits sur les côtés de l'angle droit.*

Mais il faut remarquer. qu'en appliquant le théorème sous cette forme, nous obtenons *pour l'hypothénuse du triangle. la même longueur que pour la diagonale du carré. mais nous savons que la surface de l'hypothénuse, ainsi définie. est le* **double de sa surface réelle.**

En effet. surface diagonale $= R\sqrt{2} \times \sqrt{2} = 2R$.

Surf. hypothénuse $= R\sqrt{2} \times \dfrac{\sqrt{2}}{2} = R$.

Sous cette réserve. dont la valeur sera mise en évidence ci-après. la formule générale du théorème nous donne la longueur de l'hypothénuse. Cette hypothénuse contient R *points de dimension* $\sqrt{2}$. ou $R\sqrt{2}$ *points de dimensions 1.* car $R\sqrt{2} = R\sqrt{2} \times 1$.

Nous pourrions aussi écrire. en considérant les surfaces de l'hypothénuse et de ses composantes : *surface hypothénuse AB = surface OB + surface OA.* avec cette restriction. que nous obtenons. pour surface AB, une *surface double de sa surface réelle.*

Le raisonnement que nous venons de faire pour l'hypothénuse aba_3b_3. appartenant au triangle AOB, nous le ferions pour l'hypothénuse aba_3b_3. appartenant au triangle ACB.

Dans la détermination du point de la diagonale. dans la détermination du point de l'hypothénuse, nous n'avons fait intervenir que les points de OB et OA. Mais. les droites composantes. AC et CB, doivent également intervenir. c'est à-dire que le point L. par exemple. n'est pas seulement le siège de deux points superposés de l'abcisse 1 de OB = R — 1. et l'ordonnée 14 de OA. il y a. en ce point également. deux points superposés de l'abcisse 1 de AC, et de l'ordonnée 14. de BC. Au point 1. il y a. semble-t-il. quatre points égaux à 1². superposés. Mais, il est aisé de voir que les deux abcisses 1 sont une seule droite égale à R. dont le point est 1²: les ordonnées 14. sont une seule et même droite égale à R. *Et c'est parce que les deux ordonnées 1. sont une seule et même droite ; que les ordonnées 14, sont une seule et même droite, égale à R. que leur point est égal à 1².* Il n'y a donc. au point 1. que deux points égaux à 1² en surface. dont la somme est 2. Ce point 2. est donc bien le point de la diagonale.

Avec les notions que nous venons d'établir, venons à la construction pratique de notre menuisier (Voir *introduction*).

Il veut établir un triangle isocèle rectangle. dont on lui donne le côté de l'angle droit. Il pourra désormais définir : 1° la longueur de son hypothénuse $= R \sqrt{2}$: 2° la largeur de son hypothénuse $= \frac{\sqrt{2}}{2}$: 3° il pourra comprendre pourquoi il doit entailler, à mi-bois. les côtés OB et OA, au point A. *rectangulairement;* 4° pourquoi il devra supprimer les triangles $aa'a_{,}$. et $bb'b_{,}$, qui appartiennent à l'hypothénuse du triangle ACB.

Mais, la construction achevée, il devra supprimer. à chacune des extrémités. les triangles $aa'a_{,}$ et $bb'b_{,}$. Il devra entailler à mi-bois, aux points A et B. ses côtés de l'angle droit et son hypothénuse. suivant un *parallélogramme.* La satisfaction est donc imparfaite. car la théorie et la pratique ne sont pas encore en harmonie complète. Il importe donc de compléter les résultats obtenus.

CHAPITRE IV

Objet : Cadre d'une surface. — Pénétration de deux surfaces conjuguées. — Point insersection. — Point parallélogramme (1).

Ces anomalies vont disparaître, en partie, quand nous aurons démontré la proposition suivante :

Une surface, telle un carré, est toujours limitée par des droites dont la surface est moitié de la surface des lignes élémentaires de ce carré.

Autrement dit, une surface carrée est limitée par un *cadre* dont les lignes, le point élémentaire du carré étant 1, ont pour dimension de leur point $\frac{1}{2}$ et 1, $\frac{1}{2}$ dans le sens horizontal pour les droites OB et AC, $\frac{1}{2}$ dans le sens vertical pour les droites OA et BC. Autrement dit, la surface des points des droites du cadre est $1 \times \frac{1}{2} = \frac{1}{2}$. La surface de ces droites est $R \times \frac{1}{2} = \frac{R}{2}$ au lieu de R, leur longueur est R (fig. 30).

Pour saisir cette définition du cadre, il suffit de considérer deux surfaces d'épaisseur, $e = 1$, MN et PQ qui se coupent normalement. Elles déterminent une ligne parallélipipède rectangle AB (fig. 31). Or, le quart du volume de cette ligne AB, est à la fois dans les deux surfaces QA et NA, un autre quart dans les surfaces QA et AM, un troisième quart dans les surfaces MN et PA, le quatrième quart dans les surfaces PA et AN. Donc, dans le plan MNST, les deux surfaces planes NATB et MABS, ont la ligne surface AB commune.

Soient, deux surfaces juxtaposées dans le même plan et égales. Soient, AOBC et OBDE ces deux surfaces (fig. 32). Ces deux surfaces ont la ligne OB commune. Or, la première surface AOBC existant, nous voulons construire la deuxième et pour fixer les idées :

Supposons les quatre côtés de cette surface égaux entre eux et à R, et soit aussi R = 16.

Prolongeant AO, prenons à partir du *point* O, 16 points égaux à 1.

Or, le point O, c'est un point carré. Au point O, il y aura deux droites OB : l'une appartenant à la surface OACB, l'autre à la surface OBDE. Donc, en réalité la moitié de la ligne OB appartiendra à la surface OBAC : ce sera une ligne de hauteur R, mais dont la projection horizontale sera $\frac{1}{2}$: l'autre demi-droite appartiendra à la surface OBDE.

Ce qui est vrai pour la droite OB, est vrai pour chacune des droites limites : elles appartiennent toutes par moitié à l'une de nos surfaces, par moitié aux surfaces voisines. C'est à cette seule condition que deux surfaces peuvent avoir une ligne commune, deux lignes un point commun. Autrement dit, *deux surfaces juxtaposées dans le même plan se pénètrent de la valeur d'une ligne.* Cette ligne est la trace d'un plan perpendiculaire à celui des deux surfaces.

Et dès lors, quand nous voulons construire un carré dont les côtés ont une longueur R = 16 (fig. 30), nous prenons sur la droite OA, à partir du point O, un point égal à $\frac{1}{2}$, puis 15 points égaux à 1, puis un autre point égal à $\frac{1}{2}$. Nous répétons la même construction pour les trois autres droites.

Ce carré, ainsi construit, si nous lui en juxtaposons un second comme dans la figure OACBDE (fig. 32), ces deux surfaces ont la ligne OB commune et si nous effaçons le carré OACB, le carré OBDE reste limité.

Nous aurons à revenir sur cette question, pour la préciser et montrer *qu'elle est de la plus haute importance*, quand nous traiterons de la *droite triangulaire*.

Mais si nous considérons ces droites limites comme composantes de la diagonale du carré (fig. 30), nous voyons que le point égal à 2 en surface, de la diagonale, est égal à la somme des points égaux à $\frac{1}{2}$ des quatre côtés du carré, (droites du cadre), que l'hypothénuse d'un des triangles à pour point élémentaire un point égal à 1, somme des points égaux à $\frac{1}{2}$ des deux côtés de l'angle droit (droites du cadre).

Si, avec ces données, nous revenons à la figure 30; en constituant les droites du cadre de la surface OACB, nous diminuons de 1 point tous les côtés de notre carré : sa surface qui était $16 \times 16 \times 1^s$, devient $15 \times 15 \times 1^s$.

Si nous considérons le carré construit sur la diagonale du carré 16 points, cette diagonale a 16 points égaux à 2. Mais supposons que nous construisions sur le carré DEFG les droites du cadre, nous voyons que la surface de la demie droite a_2 D, a' D, appartient à la surface voisine, et non au carré DEFG ; avec cette demie droite disparaît le triangle a a'_2 a'_2, dont nous avons parlé. C'est la cause pour laquelle le menuisier le supprime dans sa construction. NOUS VÉRIFIONS AINSI PAR LA PRATIQUE LES INDICATIONS DE LA THÉORIE.

Si nous considérons les droites du cadre, comme limitant la surface OACB, réduites à R = 15, nous pouvons dire : la surface du carré, construit sur la diagonale, est égale à la somme des demi carrés construits sur les quatre côtés de l'angle droit, le carré construit étant lui-même limité par des droites de cadre.

Surf. GEDF = Surf. 1/2 carrés (BB'O'O + OO''A'A + AA''C'C + CC''B'B).

Si les droites du cadre nous sont nécessaires, quand nous avons à considérer des surfaces égales juxtaposées dans le même plan. ce qui est le cas. nous le verrons, pour le cercle. nous pouvons nous abstenir d'en tenir compte pour une surface isolée.

POINT INTERSECTION. POINT PARALLÉLOGRAMME

Il est une autre manière de vérifier. que le point élémentaire de la diagonale. est égal à la somme des points élémentaires des composantes : $1^s + 1^s = 2$. Pour cela, la diagonale AB étant construite, cherchons la valeur du point intersection de cette diagonale avec les ordonnées et abcisses des différents points des côtés du carré. Cette intersection est un point *parallélogramme*, tel c', c'' a' c'', pour une abcisse. point de surface $2 \times 1 = 2$; point *parallélogramme* tel que a'_2 c'' c' c''_2, égal à 2 en surface, pour une ordonnée (fig. 30).

Cette intersection est celle de la diagonale avec OB et OA. puisque OB est une ordonnée et OA une abcisse. D'où cette conclusion : *Le point intersection de la diagonale avec les côtés du carré est égal au point élémentaire de la diagonale.*

Si nous considérons les deux hypothénuses et les triangles de décomposition du carré. nous constatons que l'intersection des abcissses et ordonnées et. partant, des côtés du triangle rectangle isocèle avec l'hypothénuse. est égal à : projection $\sqrt{2} \times 1 = 1 \times 1 = 1$, qui est la valeur du point de l'hypothénuse.

Donc : *Le point intersection de l'hypothénuse. avec ses projections égales entre elles, est égal au point élémentaire de cette hypothénuse.*

Notre menuisier devra donc entailler à mi-bois les côtés et l'hypothénuse, aux points A et B suivant un point parallélogramme.

LA THÉORIE A DONC EXPLIQUÉ TOUTES LES CONSTRUCTIONS DE LA PRATIQUE.

CHAPITRE V

Objet : **Mesure d'une surface rectangulaire inclinée, dont les projections sur deux plans perpendiculaires entre eux, passant par les côtés parallèles, sont égales. — Surfaces superficielles. — Surfaces réelles(1).**

Avant de passer à la mesure d'une droite inclinée, dont les projections sur les plans de comparaison sont inégales entre elles, nous nous proposons de généraliser le résultat que nous venons d'obtenir.

Ayant mesuré une droite, par ses projections égales entre elles, nous voulons mesurer une surface dont les projections sont égales entre elles.

Soient deux surfaces carrées, de côté R, qui se coupent à angle droit. Ces surfaces sont ABCD et CDEF (fig. 33).

Menons la surface ABEF. Cette surface est un rectangle, puisque les côtés AB et EF qui la limitent, parallèles entre eux, sont perpendiculaires respectivement aux droites BD et AC, FD et EC qui déterminent les plans FBD et ACE : ils sont donc perpendiculaires à FB et EA qui passent par leur pied dans ces plans.

Nous nous proposons de mesurer dans *son plan* la surface ABEF, c'est-à-dire en le considérant comme une *surface isolée* et d'exprimer cette mesure en fonction des surfaces des carrés ABCD et CDEF.

La *droite élémentaire* (2) de cette surface est la droite FB, construite sur deux projections égales entre elles et à R, BD et FD.

La longueur de cette droite est : $R\sqrt{2}$. La dimension de son point dans le sens FB est $\sqrt{2}$. Son épaisseur, e, comptée suivant DG normale à FB, est : $\dfrac{\sqrt{2}}{2}$. Il y a R, de ces droites, dans la surface ABEF, c'est-à-dire que la dimension de FB, dans le plan ABEF, est égale à 1, puisque $AB = R = R \times 1$. Nous dirons :

$$\text{Surface volume ABEF} = \left(R\sqrt{2} \times \frac{\sqrt{2}}{2} \times 1 \right) \times R.$$

C'est-à-dire qu'il y a dans surface ABEF, R droites de *surface volume* $\left(R\sqrt{2} \times \dfrac{\sqrt{2}}{2} \times 1 \right)$; d'où, *surface-volume* $ABEF = R^2$.

La *surface superficielle* de rectangle ABEF, exprimée suivant les principes de la géométrie orthodoxe, est : $R\sqrt{2} \times R = R^2\sqrt{2}$.

Or, en disant $R^2\sqrt{2} \times R$, la géométrie admet la dimension 1, de la droite $R\sqrt{2}$, dans la surface ABEF, car cette surface doit s'écrire : $R\sqrt{2} \times 1 \times R$.

Ces deux résultats différents, pour exprimer une même surface, ont une signification que nous voulons mettre en relief. La Théorie du point dit : la surface ABEF, a pour surface-volume R^2, c'est-à-dire que, d'après le théorème ci-dessus démontré, elle est égale à la somme des demi-surfaces de ses projections. Ces projections ont pour valeur $R^2 + R^2 = 2R^2$. *La mesure de la surface, ainsi exprimée, indique donc la relation entre surface ABEF et ses projections ABCD et CDEF.*

Au contraire, la surface $R\sqrt{2}$ ne donne aucune indication sur cette relation.

---

(1) Voir détail des matières à la Table.

(2) Nous appelons *droite élémentaire* d'une surface, une droite dont la longueur ou la surface exprimée en fonction d'une constante de mesure de la surface, parce que le produit de cette droite par la constante, réalise la mesure de la surface.

Si nous considérons la figure réalisée par les trois plans ABCD, CDEF et ABEF, qui sont circonscrits par des droites de *longueur finie*, la figure qu'elles déterminent est un prisme à bases parallèles, lesquelles sont : surfaces FBD et ECA. Nous nous proposons de mesurer le volume de ce prisme en fonction de la surface ABEF.

Nous supposerons, dans ce but, le plan de cette face ABEF, dans le plan horizontal (fig. 34).

Pour effectuer cette mesure, la géométrie orthodoxe n'a qu'une formule :

$$\text{Vol. prisme} = \text{surf. ACE} \times R.$$

Or, surface $\text{ACE} = \dfrac{AE \times CK}{2}.$

$$AE = R\sqrt{2} \qquad CK = \frac{R\sqrt{2}}{2}.$$

En effet, CK est la hauteur d'un triangle isocèle rectangle, elle est égale à la moitié de la base.

$$\text{D'où surf. ACE} = R\sqrt{2} \times \frac{R\sqrt{2}}{4}.$$

Le volume du prisme est :

$$\frac{R\sqrt{2} \times R\sqrt{2} \times R}{4}.$$

Or, $R\sqrt{2} \times R$ c'est la surface de base ABEF. Donc, exprimé en fonction de surface ABEF, le volume du prisme est surface $\text{ABEF} \times \dfrac{R\sqrt{2}}{4}.$

C'est-à-dire que l'on exprime le volume du prisme, en fonction de la *surface superficielle* ABEF :

$$\text{Vol. prisme} = (R\sqrt{2} \times R) \times \frac{R\sqrt{2}}{4} = \frac{R^3}{2}.$$

La « Théorie du point » dit :

Le prisme ACEBDF est une surface-volume triangle ACE dans laquelle dimension. $e = R$:

$$\text{Vol. surf. triangulaire ACE} = \frac{AE \times CK \times e}{2},$$

Or, $e = 1.$

$$\text{Vol. prisme} = \frac{AE \times CK \times R}{2}.$$

Quand la surface-volume triangle ACE devient prisme ACEDBF, ligne-volume AE, devient surface-volume, c'est-à-dire *surface réelle* ABEF dont la mesure s'exprime :

$$R\sqrt{2} \times \frac{\sqrt{2}}{2} \times 1 \times R = R^2.$$

La ligne CK, a pour longueur $\dfrac{R\sqrt{2}}{2}$, c'est-à-dire que la dimension de son point est $\dfrac{\sqrt{2}}{2}$, lequel point, a la dimension épaisseur de la surface-volume ABEF. Il y a dans cette droite CK, R points égaux à $\dfrac{\sqrt{2}}{2}$: on peut donc superposer le long de la droite CK, R surfaces ABEF, mais comme le volume du prisme est triangulaire, on ne pourra en superposer que $\dfrac{R}{2}$ (1). Et en fonction de surface-volume ABEF.

$$\text{vol. prisme} : R^2 \times \frac{R}{2} = \frac{R^3}{2}.$$

Partant de deux surfaces différentes nous obtenons pour le prisme le même volume.

Or, cette comparaison des mesures du volume du prisme, effectuée par les deux méthodes, a son intérêt.

Elle démontre que, la géométrie orthodoxe, sans préciser la dimension du point, l'utilise cependant : il y a R droites $R\sqrt{2}$, dans surface ABEF. Donc, dans ce plan la dimension de la droite $R\sqrt{2}$ est 1.

Il y a dans la surface triangle ACE, $\frac{R\sqrt{2}}{2}$ droites $R\sqrt{2}$, soit moitié du nombre qui existerait dans le rectangle de surface double, lequel nombre $\frac{R\sqrt{2}}{2} \times R\sqrt{2}$ signifie, qu'il y a dans $\frac{R\sqrt{2}}{2}, \frac{R\sqrt{2}}{2}$ points égaux à 1.

La « Théorie du point » dit : il y a $\frac{R}{2}$ droites, de surface $R\sqrt{2} \times \frac{\sqrt{2}}{2}$, dans triangle ACE.

La géométrie orthodoxe suppose le point n'ayant qu'une dimension et cette dimension est invariable.

La « Théorie du point » *admet la dimension du point comme variable, parce que la longueur et la surface des lignes sont exprimées en fonction de la constante R.*

Il y a là une différence capitale.

Et nous allons démontrer ci-après, chapitre VI, que : *quand le point est unité de mesure, R est une variable Quand la constante R est unité de mesure, le point est la variable.*

Or, toutes les droites du cercle sont exprimées en fonction de la constante R.

La surface ABEF, du prisme ACEBDF, est égale à la somme des projections des carrés ABCD et CDEF. La projection de chacun d'eux est en surface superficielle $\frac{R^2\sqrt{2}}{2}$, en surface volume $\frac{R^2}{2}$, car ce sont des surfaces de cadre (1).

Si nous formons le parallélipipède ACEBDFL (fig. 35), la diagonale AE du carré ACEI est de surface double de l'hypothénuse du triangle ACE. La surface-volume, ABEF a pour mesure $R\sqrt{2} \times \sqrt{2} \times R = 2R^2$.

La projection du parallélipipède dans le plan horizontal est donc la surface-volume ABEF $= 2R^2$.

$2R^2$ est égale à quatre projections, égale à $\frac{R^2}{2}$ des quatre faces du parallélipipède rectangle (surfaces du cadre).

Ne considérant pas les surfaces de cadre, on peut dire : $2R^2 = R^2 + R^2$.

Et nous voyons comment, ainsi que nous l'avons établi dans la mesure du volume du prisme, et de la pyramide, *une surface peut être égale à la somme de plusieurs surfaces de projection* (2).

Mais la mesure du volume du prisme triangulaire nous permet de vérifier que le point de l'hypothénuse est égal à la somme des demi-points de ses composantes. C'est à dire que le carré construit sur *l'hypothénuse*, *est égal à la* DEMI SOMME DES CARRÉS CONSTRUITS SUR LES CÔTÉS DE L'ANGLE DROIT.

En effet, nous obtenons le volume, en fonction de la surface élémentaire $R^2 = R\sqrt{2} \times \frac{\sqrt{2}}{2} \times 1$; le point de l'hypothénuse a pour dimension, e, la dimension $\frac{\sqrt{2}}{2}$ du point de CK.

Et il est bien définitivement établi, que l'énoncé exact de ce théorème fameux est : *Le carré construit sur la* **diagonale** *d'un carré est égal à la somme des carrés construits sur deux côtés de ce carré.*

---

1 Surfaces limitées par des lignes dont la surface-volume est $R \times \frac{1}{2} \times 1 \times 1 = \frac{R}{2}$, il y a R de ces lignes dans surface ABCD, donc surface ABCD est $R \times \frac{R}{2} = \frac{R^2}{2}$.

2 Voir page 36

CHAPITRE VI

Objet : **Mesure d'une droite inclinée dont les projections sont inégales. — De la constante R, rayon du cercle. Incompatibilité entre la constante R et le point conventionnel unité de mesure (1).**

Le théorème orthodoxe *dit du carré de l'hypothénuse*, a un énoncé général et nous n'avons démontré *l'exactitude relative* de cet énoncé, que pour un cas particulier, celui de l'hypothénuse d'un triangle rectangle isocèle.

Il nous faut démontrer que l'énoncé est également vrai pour l'hypothénuse construite sur deux projections inégales, c'est-à-dire chercher l'hypothénuse d'un triangle rectangle quelconque, dont les côtés sont donnés.

Il est bien certain que, géométriquement, deux côtés de l'angle droit étant donnés tels AB et BC, il nous suffit de joindre CA et de mesurer avec la même mesure que les lignes AB et BC, cette ligne CA, pour avoir sa longueur (fig. 36).

Si nous appelons a et b, les côtés AB et BC, nous savons que l'hypothénuse AC, est en même temps la diagonale du rectangle ABCD, de surface double du triangle ABC. Or, nous avons appris à mesurer ce rectangle, il est égal à $a \times 1 \times 1 \times b = 1^2 \times a \times b$, c'est-à-dire que ce rectangle est égal au nombre $a \times b$ des points carrés $1 \times 1 = 1^2$, unité de mesure de la surface des droites a et b.

Les ordonnées et les abcisses menées par tous les points de a, et de b, décomposent la surface du rectangle en points carrés dont le nombre est $a.b$.

Si nous voulons comme dans le carré déterminer la diagonale, nous dirons, le point carré C, est un des points de la diagonale ; la diagonale de son point est un des éléments de la diagonale du rectangle. De même le point A est un des points de la diagonale, sa diagonale est un des éléments de la diagonale du rectangle.

Or, il n'en est rien, les diagonales aa_1, cc_1, sont parallèles entre elles : prolongées, elles détermineraient une droite dont les projections seraient égales entre elles et à b (fig. 36).

Nous ne pouvons donc, avec la décomposition du rectangle en points carrés élémentaires, obtenir la construction *géométrique de la diagonale ni de son point.*

Supposons maintenant que nous puissions trouver une relation entre a et b : dans le cas particulier, b contient 6 points, tandis que a en contient 12. Nous pouvons écrire $b = \dfrac{a}{2}$.

De ce fait, déjà les calculs algébriques seront simplifiés car en vertu du théorème du carré de l'hypothénuse nous pouvons écrire :

$$AC^2 = a^2 + \frac{a^2}{4} = \frac{3\,a^2}{4}.$$

$$\text{d'où } AC = a\,\frac{\sqrt{3}}{2}.$$

Il importe de préciser ce que signifient les expressions numériques a et $\dfrac{a}{2}$, que nous pouvons remplacer pour employer la même constante, par R et $\dfrac{R}{2}$.

---

(1) Voir détail des matières à la table.

R, est une ligne qui contient R points égaux dont les dimensions sont : $l = 1$, $h = 1$, $e = 1$. Surface-volume ligne R = R × 1 × 1 × 1 = R.

Mais, $\frac{R}{2}$ *peut* signifier que BC contient R points égaux à $\frac{1}{2}$. C'est là une signification qui semble rationnelle, car nous voulons exprimer la diagonale ou l'hypothénuse en fonction de la constante R. Or, *R n'est pas une longueur linéaire ainsi que le conçoit la géométrie orthodoxe, mais une quantité arithmétique, exprimée par la valeur algébrique R*. Donc, vouloir exprimer la diagonale par un nombre constant, il faut que ce nombre constant existe dans les deux projections AB et BC. Donc, nous arrivons à cette conclusion logique, *semble t il*, que AB contenant R points égaux à 1, BC doit contenir R points égaux à $\frac{1}{2}$.

BC devant être dans la même surface superficielle, dans la même surface-volume que AB, il faut que les dimensions *l* et *e* de son point soient égales à 1, *h* est la *variable* du point; elle est égale à $\frac{1}{2}$ et la ligne BC, située dans la même surface superficielle, dans la même surface-volume que AB, contient R points de dimensions : $l = 1$, $e = 1$, $h = \frac{1}{2}$, la surface du point de BC est $1 \times 1 \times \frac{1}{2} = \frac{1}{2}$.

Nous obtenons ainsi une satisfaction algébrique; il s'agit de voir si la construction de la droite BC, ainsi définie, nous permet de construire et de mesurer la diagonale du rectangle ABCD, en longueur linéaire et en surface (fig. 37).

Construisons BC = R, points égaux à $\frac{1}{2}$, tels que $l = 1$, $e = 1$, $h = \frac{1}{2}$. Faisons la décomposition du rectangle, par les ordonnées et abcisses des points de AB et BC. Nous obtenons, par cette décomposition de la surface de rectangle ABCD, $\frac{R^2}{2}$ points *rectangles*, la surface superficielle et aussi la surface-volume de chacun d'eux est $1 \times 1 \times \frac{1}{2} = \frac{1}{2}$. $\frac{1}{2}$ est donc la surface du point élémentaire de rectangle ABCD.

Moyennant cette décomposition nous pouvons tracer *la diagonale du rectangle*, **en direction**, dans les conditions où nous l'avons fait pour le carré (fig. 30). En effet, *aa'*, diagonale du point A, est un élément de la diagonale, cette direction sera prolongée par la diagonale du point II, par celle du point III, etc., par *c,c*, de C, et d'après le théorème général de la Géométrie orthodoxe, nous obtiendrons *la longueur linéaire* de la diagonale du point élémentaire en posant, appelant *δ* cette diagonale :

$$\delta^2 = 1^2 + \left(\frac{1}{2}\right)^2 = 1 + \frac{1}{4} = \frac{5}{4}.$$

D'où $\delta = \frac{\sqrt{5}}{2}$.

AB et BC, contenant le même nombre R de points, nous obtenons .

$$\text{Longueur linéaire diagonale AC} = R \times \frac{\sqrt{5}}{2}.$$

Par analogie avec la construction que nous avons faite (fig. 30), pour déterminer la diagonale du carré en surface, analogie justifiée par la décomposition que nous ferions du rectangle en deux triangles, et de la diagonale en deux hypothénuses, nous obtiendrons le tracé, en surface, de la diagonale du rectangle, en joignant, de part et d'autre de la direction AC, tous les sommets des rectangles élémentaires de décomposition, dont la diagonale est un élément de diagonale AC.

D'après le théorème démontré, le point de la diagonale AC, devrait être égal à $\frac{5}{4}$, puisque nous appliquons le théorème : le carré construit sur l'hypothénuse est égal à la somme des carrés construits sur les côtés de l'angle droit. Donc, le carré construit sur la diagonale du point est égal à la somme des carrés construits sur les dimensions de ce point.

Donc. $1^2 + \left(\frac{1}{2}\right)^2 = \frac{5}{4} \cdot \frac{5}{4}$ doit être. en surface. le point élémentaire de AC. considérée en surface. Or. ce point a bien pour une de ses dimensions $\frac{\sqrt{5}}{2}$. mais l'autre dimension est $<$ que $\frac{\sqrt{5}}{2}$. puisque ce point est un rectangle. Pour que ce point fût en surface égal à $\frac{5}{4}$. il faudrait que les deux dimensions diagonales fussent égales à $\frac{\sqrt{5}}{2}$. car $\frac{\sqrt{5}}{2} \times \frac{\sqrt{5}}{2} = \frac{5}{4}$.

Le résultat que l'algèbre nous donne n'est donc pas vérifié par la construction géométrique.

Mais la construction géométrique nous révèle encore une anomalie qui contribuera définitivement à nous faire rejeter la construction que nous avons faite. pour le point de BC.

Si nous examinons l'intersection de diagonale AC avec BA et BC. sur BA ce point est égal à $2 \times 1 = 2$ Sur BC ce point est $1 \times 1 = 1$. Or. il est bien évident que tous des points de la diagonale sont égaux entre eux. ils sont en nombre R ; or. A et C sont des points de la diagonale.

Partant de la conception du point de BC égal à $\frac{1}{2}$. nous pouvons faire varier les autres dimensions du point et faire par exemple : $l = 1, h = 1, e = \frac{1}{2}$. Les deux droites AB et BC sont bien encore dans le même plan *mais elles ne sont plus dans la même surface-volume.* puisque e. de AB $= 1$. e. de BC $= \frac{1}{2}$ (1).

Alors, qu'avec $h = \frac{1}{2}$ nous pouvions faire la surface du rectangle en disant : surface-volume rectangle contient R droites de surface-volume $\frac{R}{2}$, d'où surface-rectangle $= R \times \frac{R}{2} = \frac{R^2}{2}$. nous obtiendrions avec $e = \frac{1}{2}$ pour le point de BC, que la surface qui contient la droite AB, contient 2 R droites égales à $\frac{R}{2}$ car on pourrait juxtaposer dans l'épaisseur, $e = 1$, de la surface-volume de AB. en chaque point de AB. 2 droites de surface $\frac{R}{2}$. la surface volume contenant la droite AB. contiendrait 2 R droites $\frac{R}{2}$. d'où surface ABCD serait égale à $\frac{2 R \times R}{2} = R^2$, surface double de la surface superficielle $R \times \frac{R}{2} = \frac{R^2}{2}$.

Nous obtiendrions un résultat identique en faisant $l = \frac{1}{2}$. $h = 1, e = 1$. car nous devrions juxtaposer dans la surface-volume contenant AB, 2 R droites de dimension $l = \frac{1}{2}$.

D'autre part. une autre impossibilité de ces constructions. résiderait *dans la valeur des points intersection de la diagonale* avec AB et BC. *Ces points quoique appartenant à la même droite seraient inégaux.*

En admettant que la droite de longueur linéaire $\frac{R}{2}$. est en surface égale à $\frac{R}{2}$, nous ne pouvons obtenir la construction de la diagonale AC en surface. Or. il s'agit de savoir si BC $=$ longueur linéaire $\frac{R}{2}$. est égale en *surface* à $\frac{R}{2}$.

Nous allons pour nous en rendre compte. interpréter des résultats acquis. La droite de longueur linéaire R. est une droite rectangulaire en surface. parallélipipède rectangle en volume. dont surface $= R \times 1 = R$, surface-volume $= R \times 1 \times 1 = R$.

La droite $R\sqrt{2}$ en longueur linéaire, est $R\sqrt{2} \times \sqrt{2} = 2R$, en surface: $R\sqrt{2} \times \sqrt{2} \times 1 = 2R$. en surface-volume.

Donc. la surface d'une droite. exprimée en fonction d'une constante. s'obtient *en faisant le produit*

<hr>

(1) La figure 38 représente les différentes droites de longueur $\frac{R}{2}$.

de sa longueur linéaire, par le coefficient de la constante: donc, surface droite de longueur linéaire $\frac{R}{2} = \frac{R}{2} \times \frac{1}{2} = \frac{R}{4}$. Cette droite contiendra donc R points égaux à $\frac{1}{4}$. Cette conception présente cet intérêt que nous pourrons obtenir la surface de la diagonale, de longueur linéaire $\frac{R\sqrt{5}}{2}$, en posant que: la somme des surfaces des composantes est égale à la surface de la diagonale, d'où surface diagonale $= R + \frac{R}{4} = \frac{5R}{4}$. Ce qui est bien la surface que la théorie indique comme étant celle de la droite de longueur linéaire $\frac{R\sqrt{5}}{2}$.

Égale à $\frac{R}{4}$ en surface superficielle, BC. doit être égale à $\frac{R}{4}$ en surface-volume, c'est-à-dire que les trois dimensions de son point seront: $h = \frac{1}{2}$, $l = \frac{1}{2}$ (1), $e = 1$, car la droite $\frac{R\sqrt{5}}{2}$ de surface $\frac{5R}{4}$, la droite $\frac{R}{2}$ de surface $\frac{R}{4}$ étant dans la même surface que AB $= R$, de $e = 1$, ont pour troisième dimension de leur point $e = 1$; donc dimension e, de droite $\frac{R}{4}$, en surface, $= 1$.

Et nous trouvons de nouveau les impossibilités de construction géométrique constatées précédemment. Les points intersection de la diagonale AC avec AB et BC. ne sont pas égaux, et si nous faisons la surface de rectangle ABCD. au moyen de la droite $\frac{R}{4}$, nous aurons dans la longueur $l = 1$ du point de AB, deux droites de dimension $l = \frac{1}{2}$.

Or, construisons le carré de côté égal à R. Sa surface-volume est composée de R droites de surface-volume R $\times$ 1 $\times$ 1 $\times$ 1 $= R$. Sa surface est R^2. Construisons le carré sur la dimension $\frac{R}{2}$, de surface $\frac{R}{4}$, la surface comprend R droites, de surface: R $\times \frac{1}{2} \times \frac{1}{2} \times 1 = \frac{R}{4}$. Sa surface est R $\times \frac{R}{4} = \frac{R^2}{4}$. $\left(\text{Car, surface carré de dimension } \frac{R}{2} = \frac{R}{2} \times \frac{R}{2} = \frac{R^2}{4}\right)$.

L'ensemble de ces deux surfaces réprésente un carré de surface-volume moyenne qui est :

$$\frac{R^2 + \frac{R^2}{4}}{2} = \frac{5R^2}{8}.$$

Cherchons la diagonale de ce carré. Pour cela, cherchons d'abord la valeur du côté, en appelant x, ce côté.

$$x^2 = \frac{5R^2}{8}, \quad x = R\sqrt{\frac{5}{8}}.$$

Ce côté étant connu, nous pouvons trouver la diagonale du carré en posant :

$$\text{Surf. diagonale} = 2 \text{ surf. } R\sqrt{\frac{5}{8}} = 2R\sqrt{\frac{5}{8}} \times \sqrt{\frac{5}{8}}$$

$$\text{Surf. diagonale} = \frac{2R \times 5}{8} = \frac{5R}{4}$$

$$\text{Long. linéaire diagonale} = \frac{R\sqrt{5}}{2}.$$

Donc, le carré construit sur les dimensions égales à $R\sqrt{\frac{5}{8}}$, a même diagonale que le rectangle ABCD, dont les côtés sont R et $\frac{R}{2}$.

Cette construction nous permettait de mesurer en longueur linéaire, et en surface, la diagonale du rectangle ABCD, si nous pouvons démontrer que nous n'avons pas apporté de modifications à la surface du rectangle. Or, ce carré de côté, $R\sqrt{\frac{5}{8}}$, a pour surface $\frac{5R^2}{8}$, le rectangle a pour surface $R \times \frac{R}{2} = \frac{R^2}{2}$.

La surface du carré de même diagonale, est donc plus grande que la surface du rectangle ABCD, car $\frac{5}{8} > \frac{1}{2}$.

Mais $\frac{R^2}{2}$ est une surface plane, une surface *superficielle* ; $\frac{5R^2}{8}$ est une *surface volume* ; c'est la surface réelle du carré de côté $R\sqrt{\frac{5}{8}}$ et, dans ce carré, la surface superficielle est égale à la surface-volume, puisque troisième dimension $e = 1$. Il s'agit de démontrer que la surface-volume de rectangle ABCD est égale à $\frac{5R^2}{8}$, alors que surface superficielle $= \frac{R^2}{2}$.

Or, dans une surface d'épaisseur égale à 1, on ne peut construire qu'un carré, qui ait même diagonale $\frac{R\sqrt{3}}{2}$ en longueur linéaire que rectangle ABCD. Donc, les lignes du rectangle et celles du carré circonscrivent la même surface. Pour qu'il en soit ainsi, il faut que les droites qui circonscrivent le rectangle, prises en surface, aient même valeur que celles qui circonscrivent le carré.

Pour transformer la droite AB, de longueur R, de surface R, en la droite égale en longueur à $R\sqrt{\frac{5}{8}}$, en surface à $\frac{5R}{8}$, nous diminuons la surface R de la droite AB. $R - \frac{5}{8}R = \frac{3R}{8}$.

La droite R, quand on convertit le rectangle en carré a donc perdu une portion de sa surface égale à $\frac{3}{8}R$. Mais la droite BC $= \frac{R}{2}$ en longueur linéaire, $\frac{R}{4}$ en surface, est devenue $\frac{5R}{8}$. Elle a augmenté de :

$$\frac{5R}{8} - \frac{R}{4} = \frac{5R - 2R}{8} = \frac{3R}{8}.$$

Nous avons donc ajouté à BC la surface que nous avons retranchée à AB. La surface volume circonscrite n'a donc pas changé.

Donc, *pour mesurer la diagonale AC, du rectangle ABCD, nous devrons la mesurer comme diagonale du carré de même surface-volume que rectangle ABCD*, **mais de surface superficielle plus grande que rectangle ABCD.**

Il faut nous rendre compte, si nous sommes en harmonie ou en opposition avec la doctrine orthodoxe. Nous allons, en reprenant le théorème classique, voir qu'il démontre, en réalité, que *l'hypothénuse d'un triangle rectangle quelconque est égale en longueur à la diagonale du rectangle de surface double,* laquelle se *mesure* dans **un carré** *de même diagonale, mais dont la surface superficielle est plus grande que celle du rectangle.*

Soit un triangle rectangle ABC. Ce triangle est égal à la demie surface du rectangle ABNC construit sur AB et AC (fig. 39).

Construisons, sur l'hypothénuse BC de ce triangle, le triangle rectangle isocèle BA'C et le carré BA'CA", de surface double. Ce triangle BA'C a même hypothénuse que triangle ABC, et cette hypothénuse est à la fois diagonale dans le rectangle ABCN et dans le carré A'BCA".

Le carré et le rectangle n'ont pas la même surface, car surf. carré $= \dfrac{BC \times A'A"}{2}$ tandis que surface rectangle $= \dfrac{BC(AD + PN)}{2}$.

Or, AD + PN < AN".

Donc, la surface du carré est plus grande que celle du rectangle de même diagonale.

Si nous construisons le carré sur BC, le carré BCFE, est de surface double que carré A'BA"C. Le carré BCFE, est donc plus grand que le double de la surface du rectangle.

Lorsque l'on construit sur AB, le carré BAGH, sur AC, le carré ACK, on démontre que leur somme est égale à la surface du carré BCFE. *Cette somme égale à carré BCFE, est donc plus grande que celle du double rectangle BACN.*

Or, cette construction a été faite pour mesurer la diagonale BC. Elle conduit donc à mesurer la diagonale BC, dans un carré A'BCA", plus grand que le rectangle de même diagonale ABCN.

Donc, le théorème de la géométrie orthodoxe, a pour objet, en réalité, de mesurer **une diagonale**, *et cette diagonale il la mesure dans un* **carré**.

C'est exactement la conclusion à laquelle nous a conduit la « *Théorie du point* ».

Les conclusions de l'étude de la mesure et de la construction d'une droite inclinée dont les projections sont inégales sur le plan de comparaison sont :

La diagonale d'un rectangle, se mesure en longueur linéaire, et en surface, dans le carré de même diagonale.

La longueur linéaire de la diagonale d'un rectangle, est égale à la racine carrée de la somme des carrés construits sur deux côtés de ce rectangle.

La diagonale de ce rectangle se mesure en longueur, surface, et volume, dans le carré de même diagonale, en appliquant les règles posées dans le théorème du carré construit sur la diagonale d'un carré.

Par extension l'hypothénuse d'un triangle rectangle quelconque, se mesure comme la diagonale du rectangle de surface double. Mais il reste démontré que la surface obtenue pour cette hypothénuse est *double* de la surface réelle.

Cherchons la formule algébrique qui nous permettra d'obtenir l'hypothénuse en longueur et en surface.

Soient, R et $\dfrac{R}{2}$, les côtés d'un triangle rectangle quelconque : appelons *hy* l'hypothénuse. Nous obtenons :

$$hy^2 = R^2 + \frac{R^2}{4} = \frac{5R^2}{4}.$$

$$\text{Long. hyp.} = \frac{R\sqrt{5}}{2}.$$

$$\text{Surf. hyp.} = \frac{R\sqrt{5}}{2} \times \frac{\sqrt{5}}{2} = \frac{5R}{4}.$$

Le point de l'hypothénuse est donc égal à $\dfrac{5}{4}$, en surface, car $\dfrac{\sqrt{5}}{2} \times \dfrac{\sqrt{5}}{2} \times 1 = \dfrac{5}{4}$.

Cherchons les côtés du carré de même hypothénuse :

$$\left(\frac{R\sqrt{5}}{2}\right)^2 = 2\,x^2.$$

$$\text{d'où nous tirons : } x = R\sqrt{\frac{5}{8}}.$$

Ce que nous pouvons obtenir aussi, sachant que la surface de l'hypothénuse est égale à la somme des surfaces de ses composantes,

$$\text{Surf. composante} = \frac{5R}{2 \times 4}.$$

$$\text{Long. composante} = R\sqrt{\frac{5}{8}}.$$

Nous pouvons dire encore. sachant que le point élémentaire de *hy* est $\frac{5}{4}$:

$$\text{Point composantes} = \text{point } \frac{hy}{2}.$$

$$\text{Point composantes} = \frac{5}{4 \times 2}.$$

$$\partial \text{ point composantes} = \sqrt{\frac{5}{8}}.$$

$$\text{Long. composantes} = R \sqrt{\frac{5}{8}}.$$

Cherchons la Construction géométrique qui nous permettra d'obtenir les côtés du carré. de même diagonale, que le rectangle de surface double d'un triangle rectangle, de côtés de l'angle droit R et $\frac{R}{2}$.

Construisons le triangle rectangle de côtés de l'angle droit R et $\frac{R}{2}$. Soit AC. une ligne que nous prenons égale à R. Au point C, nous élevons une perpendiculaire. sur laquelle nous prenons une longueur CD, égale à la moitié de AC. Joignons AD ; nous avons construit l'hypothénuse égale à $\frac{R\sqrt{5}}{2}$ (fig. 40).

Pour obtenir AD, de longueur $R\frac{\sqrt{5}}{2}$, dans le triangle isocèle. moitié de la surface du carré de même diagonale. que le rectangle construit sur les côtés R et $\frac{R}{2}$, il faut revenir à la construction d'une hypothénuse sur deux projections égales.

Pour cela, élevons, au point C. une perpendiculaire égale à $AC = R$. Soit CB cette perpendiculaire ; joignons AB. Le triangle ABC est isocèle rectangle.

Si nous *transposons* AD, sur la direction AB, en décrivant de A comme centre, avec une ouverture de compas égale à AD_1, un arc de cercle, cet arc de cercle coupera AB en D'. Abaissons sur AC la perpendiculaire $D'D_1$. Le triangle $AD'D_1$ est semblable à ABC, car $D'D_1$ est parallèle à BC. Or, triangle ABC est isocèle rectangle donc $AD'D_1$ est isocèle rectangle, donc $D'D_1 = AD_1$.

Dans le triangle ACD, l'intersection de l'hypothénuse avec ses projections DC et AC. ne peut donner des points égaux. nous l'avons démontré. Mais comme pour mesurer l'hypothénuse en surface nous transposons les projections de cette hypothénuse en projections égales, nous dirons en langage courant que : *le point intersection de la diagonale AD. avec ses projections inégales DC et CA. est égal au point de la diagonale.*

Nous dirons par exemple, le point D. intersection de AD avec $CD = \frac{5}{4}$. de même point $A = \frac{5}{4}$ alors qu'ils ne sont, en apparence, ni l'un ni l'autre égaux à $\frac{5}{4}$.

Nous résumerons l'importante proposition, de mesurer une diagonale ou une hypothénuse en fonction de deux projections inégales, mais reliées par une commune mesure. telle que R, en disant :

La longueur linéaire de la diagonale ou de l'hypothénuse est égale à la racine carrée de la somme des carrés de ses projections.

Pour obtenir la diagonale ou l'hypothénuse en *longueur linéaire* et en *surface* il faut les mesurer dans la *surface-volume. carré*, construit sur la diagonale ou l'hypothénuse.

CHAPITRE VII

Objet : **Résumé des propositions relatives à la mesure d'une droite inclinée** (1).

Nous allons résumer les considérations importantes, qui résultent de la mesure d'une droite inclinée en fonction de ses projections, dont les longueurs linéaires sont exprimées en fonction d'une même constante.

1 Quand les projections données sont *égales entre elles*, et à R, par exemple.

Le carré construit sur deux projections égales a pour diagonale une droite dont le point est égal à la somme des points des deux droites composantes. $1 + 1 = 2$. Nous savons que les droites composantes sont les deux projections égales à R.

En admettant les droites du cadre de la surface, qui sont moitié en surface des droites de décomposition du carré, le point de la diagonale est égal à la somme des points des droites du cadre : $\frac{1}{2} \times 4 = 2$.

La surface de la diagonale est égale à la somme des surfaces des composantes.

$$R + R = 2R \qquad 2R = 4 \times \frac{R}{2}.$$

Les droites composantes sont les ordonnée et abcisse des points extrèmes de la diagonale, ce sont les projections égales de la diagonale sur deux plans perpendiculaires entre eux passant par ses extrémités.

Réciproquement, on peut décomposer une diagonale de surface $2R$, en deux composantes rectangulaires, de longueur et surface R, ou en quatre composantes de longueur R de surface $\frac{R}{2}$.

La longueur linéaire de la diagonale, exprimée par sa surface, s'obtient en mettant sous un radical le coefficient de la constante.

Or, comme toute droite peut être une diagonale (2), puisqu'une surface peut toujours se dédoubler en deux surfaces égales, nous généraliserons en disant :

Le $\sqrt{}$ du point d'une droite exprimée par sa surface (c'est-à-dire la dimension qui, élevée au carré, donne la surface du point) *est la racine carrée du coefficient de la constante.*

On obtient la longueur linéaire d'une droite, exprimée par sa surface, en faisant le produit du $\sqrt{}$ de son point par la constante.

$$\text{Droite surface } 2R, \ \sqrt{} \text{ point} = \sqrt{2}. \qquad \text{long. lin.} = R\sqrt{2}.$$

$$\frac{3R}{4}, \qquad " \quad = \frac{\sqrt{3}}{2}, \qquad\qquad " \quad = R\,\frac{\sqrt{3}}{2}.$$

$$\frac{R}{4}, \qquad " \quad = \frac{1}{2}, \qquad\qquad " \quad = \frac{R}{2}.$$

$$\frac{R}{2}, \qquad " \quad = \frac{1}{\sqrt{2}} = \frac{\sqrt{2}}{2}, \qquad " \quad = \frac{R\sqrt{2}}{2}.$$

Voir détail des matières à la table.

Nous le démontrons géométriquement chaque page 172.

Une droite étant connue par sa longueur linéaire, pour avoir sa surface, il suffit d'élever au carré le coefficient de la constante.

$$\text{Droite de long. lin. } R\sqrt{2}, \text{ surf. } = R\sqrt{2} \times \sqrt{2} = 2R.$$

$$\text{Droite de long. lin. } \frac{R\sqrt{3}}{2}, \text{ surf. } = R\frac{\sqrt{3}}{2} \times \frac{\sqrt{3}}{2} = \frac{3R}{4}.$$

$$\text{Droite de long. lin. } \frac{R}{2}, \quad \text{surf. } = \frac{R}{2} \times \frac{1}{2} = \frac{R}{4}.$$

$$\text{Droite de long. lin. } \frac{R\sqrt{2}}{2}, \text{ surf. } = \frac{R\sqrt{2}}{2} \times \frac{\sqrt{2}}{2} = \frac{R}{2}.$$

L'énoncé du théorème fameux du carré construit sur l'hypothénuse *n'est pas exact*, nous l'avons démontré : en outre, son énoncé **est** simplifié, en disant : *la surface de la diagonale d'un carré est égale à la somme des surfaces de ses composantes.*

Il y a identité entre cet énoncé, qui indique qu'une surface est égale à la somme des deux autres, avec celui qui doit être substitué désormais à celui de la géométrie orthodoxe, savoir :

Le carré construit sur la diagonale d'un carré est égal à la somme des carrés construits sur deux côtés de ce carré, puisque le point de la diagonale est un point de surface double du point des composantes.

En appliquant cet énoncé à l'hypothénuse d'un triangle isocèle rectangle, on obtient la mesure de la longueur de l'hypothénuse, mais *la surface de l'hypothénuse est moitié de celle de la diagonale.*

$$\text{Diagonale } R\sqrt{2} : \text{ surf. } = 2R.$$

$$\text{Hypothénuse } R\sqrt{2} : \text{ surf. } = R.$$

Une hypothénuse se dédouble comme la diagonale en deux composantes égales en longueur linéaire, mais moitié en surface de celles de la diagonale.

Les deux composantes rectangulaires de la diagonale sont les coordonnées rectangulaires qui par leur rencontre déterminent la dimension de son point.

En effet, le point C est déterminé par la rencontre des deux coordonnées rectangulaires AC et CB. Or, CB = OA (fig. 41).

La direction OC de la diagonale du carré est telle que tous les points sont également distants des axes OB et OA des ordonnées et abcisses passant par le point O.

Soit un point D de la diagonale. Menons les abcisses et ordonnées de ce point : DD_1 et DD_2. Le triangle ODD_1 est semblable à OCB : or, OCB est isocèle rectangle, donc : $DD_1 = OD_1 = DD_2$.

Donc, les coordonnées rectangulaires du point D de la diagonale sont égales entre elles.

Il est aisé de voir, que *chacun des points ainsi choisi sur la diagonale, détermine une nouvelle diagonale.*

OD est la diagonale du carré $OD_1 DD_2$. Si nous connaissons $DD_1 = \frac{R\sqrt{3}}{2}$, par exemple, nous déterminerons OD en surface et en longueur :

$$\text{Surf. } R\frac{\sqrt{3}}{2} = \frac{3R}{4}, \qquad \frac{3R}{4} \times 2 = \text{surf. diag. } OD = \frac{3R}{2}.$$

$$\text{Long. diag. } = \frac{R\sqrt{3}}{\sqrt{2}} = \frac{R\sqrt{3} \times \sqrt{2}}{2} = \frac{R\sqrt{6}}{2}.$$

Nous acquérons la notion, que *sur la même direction, il peut y avoir des droites de surface différente.* Cette considération est de la plus haute importance. **Elle nous servira à solutionner le problème de la longueur de la circonférence jusqa'à ce jour irrésolu.**

Une droite exprimée linéairement en fonction d'une constante correspond toujours à une surface déterminée. Réciproquement une surface exprimée en fonction d'une constante correspond toujours à une longueur déterminée.

Vous pouvons faire la somme de deux surfaces et trouver la longueur linéaire qui correspond à cette surface.

$$\text{Surface R} + \text{surf. R} = \text{surf. 2 R.} \qquad \text{Long. linéaire} = \text{R} \sqrt{2}.$$

Vous pouvons faire la différence de deux surfaces et trouver la longueur linéaire correspondante.

$$\text{Surf. 2R} - \text{surf. R} = \text{surf. R.} \qquad \text{Long. linéaire} = \text{R.}$$

Or, faisons la différence des deux hypothénuses OC et OD, de longueur $R\sqrt{2}$ et $\dfrac{R\sqrt{6}}{2}$, d'abord en longueur linéaire puis en surface (fig. 42).

$$\text{Long. linéaire } R\sqrt{2} - \text{long. lin. } \frac{R\sqrt{6}}{2} = R\left(\sqrt{2} - \frac{\sqrt{6}}{2}\right).$$

C'est un résultat qui ne dit rien; il est *supposé* être représenté par la longueur CD.

Or, faisons la surface de ces lignes.

$$\text{Surf. } R\sqrt{2} = 2R. \qquad \text{Surf. } \frac{R\sqrt{6}}{2} = \frac{3R}{2}.$$

Faisons la différence des surfaces :

$$2R - \frac{3}{2}R = \frac{4R - 3R}{2} = \frac{R}{2}.$$

La différence de ces surfaces est donc $\dfrac{R}{2}$. Cette surface correspond à une longueur linéaire $\dfrac{R\sqrt{2}}{2}$, car $\dfrac{R\sqrt{2}}{2} \times \dfrac{\sqrt{2}}{2} = \dfrac{R}{2}$. Pour s'en rendre compte, il suffit de construire les surfaces de ces deux droites.

La surface de $\dfrac{R\sqrt{6}}{2}$, est le rectangle $BB_1B_2B_3$. La surface de la droite $R\sqrt{2}$, est le rectangle A_1AC_1C (fig. 42).

Or, la différence de ces deux surfaces n'est pas le rectangle C_1D_1CD, qui aurait pour longueur FG = CD, de notre figure, mais rect. C_1D_1CD + 2 rectangles $D_1B_3A_1B_1$; c'est cette somme de surfaces qui a pour longueur linéaire $\dfrac{R\sqrt{2}}{2}$, pour surface $\dfrac{R}{2}$.

Or, dans la mesure du cercle, nous verrons que nous avons à estimer les *surfaces* des droites, parce qu'elles sont exprimées en fonction du rayon du cercle, *et que le rayon du cercle est une surface.*

Le point intersection d'une diagonale avec ses projections égales est égal au point de la diagonale, c'est un point parallélogramme. Il en est de même du point intersection d'une hypothénuse avec ses projections égales.

2 Lorsque les projections données *sont inégales*, soient R et $\dfrac{R}{2}$ ces projections.

La ligne construite est la diagonale d'un rectangle.

L'expression de la longueur de cette diagonale s'obtient comme celle de la diagonale d'un carré :

$$1 + \frac{1}{4} = \frac{5}{4}.$$

2 de point de la diagonale $= \dfrac{\sqrt{5}}{2}$, long. linéaire $= R\dfrac{\sqrt{5}}{2}$.

La surface de cette diagonale, est égale à celle du carré obtenu en faisant les projections égales entre elles, de cette diagonale, sur deux plans perpendiculaires entre eux passant par ses extrémités.

$$\text{Surf. diag.} = \frac{5}{4}R.$$

$$\text{Surf. composantes égales} = \frac{5}{2 \times 4}R; \quad \text{longueur linéaire compos.} = R\sqrt{\frac{5}{8}}.$$

La surface de ce carré est égale à :

$$R \sqrt{\frac{3}{8}} \times R \sqrt{\frac{3}{8}} = \frac{3 R^2}{8}.$$

C'est la surface-volume du rectangle de surface superficielle $\frac{R \times 2}{2} = \frac{R^2}{2}$, car il est mesuré en fonction du *point moyen*, des surfaces des lignes R et $\frac{R}{2}$, qui ont pour point 1 et $\frac{1}{4}$ et dont la moyenne arithmétique est $\frac{3}{8}$.

Nous avons dit ci-dessus qu'une droite quelconque peut toujours être une diagonale. Nous allons, en effet, démontrer, *qu'une droite quelconque est toujours, à la fois, l'hypothénuse d'un triangle isocèle rectangle, et le côté de l'angle droit d'un triangle isocèle rectangle de surface double du premier.*

Soit la droite $OA = R$, elle est l'hypothénuse du triangle isocèle rectangle OCA, dont les côtés de l'angle droit sont égaux entre eux et à $\frac{R\sqrt{2}}{2}$. (fig. 43).

$$\frac{\sqrt{2}}{2} \times \frac{\sqrt{2}}{2} = \frac{1}{2}, \qquad \frac{1}{2} + \frac{1}{2} = 1.$$

OA est aussi le côté de l'angle droit du triangle isocèle rectangle OAB, car $AB = OA$.

$$\text{Or, surf. triangle OCA} = \frac{R\sqrt{2}}{2} \times \frac{R\sqrt{2}}{4} = \frac{R^2}{4}.$$

$$\text{Surf. triangle OAB} = R \times \frac{R}{2} = \frac{R^2}{2}.$$

CHAPITRE VIII

Objet: **Triangles semblables. — Comparaison des lignes et surfaces des triangles semblables (1).**

Revenons aux deux triangles ABC et AD'D, (fig. 44). Ils sont semblables, avons-nous dit, parce que leurs côtés BC et D'D, sont parallèles. Cela est vrai si on considère la surface superficielle de ces triangles, mais nous pouvons dire aussi que les surfaces volumes de ces triangles sont également parallèles entre elles.

En effet, considérant la droite $CB = R$. son point élémentaire a pour dimensions : $l = 1$, $h = 1$, $e = 1$. De même la droite $AC = R$. a pour point élémentaire le point de dimensions 1.

La droite AB a pour longueur $R\sqrt{2}$, son point est en volume 2. son ∂ est $\sqrt{2}$. Ses dimensions sont : $l = \sqrt{2}$, $h = \sqrt{2}$, $e = 1$.

Les trois lignes du triangle ABC sont donc dans la même surface-volume dont l'épaisseur est $e = 1$.

Dans triangle AD'D, la droite D'D, a pour longueur $R\sqrt{\dfrac{5}{8}}$: son point élémentaire a pour dimensions : $l = \sqrt{\dfrac{5}{8}}$, $h = \sqrt{\dfrac{5}{8}}$, $e = 1$. dimensions auxquelles nous pouvons substituer : $l = 1$, $h = \sqrt{\dfrac{5}{8}}$, $e = \sqrt{\dfrac{5}{8}}$. De même pour la droite AD, $e = \sqrt{\dfrac{5}{8}}$.

La droite AD est égale à $R\dfrac{\sqrt{5}}{2}$ en longueur. son point élémentaire a pour dimensions : $l = \dfrac{\sqrt{5}}{2}$, $h = \dfrac{\sqrt{5}}{2}$, $e = 1$. Nous pouvons mettre cette droite dans une surface d'épaisseur $e = \sqrt{\dfrac{5}{8}}$ en divisant son volume $\dfrac{5}{4}$ par $\sqrt{\dfrac{5}{8}}$: or $\sqrt{\dfrac{5}{8}} = \dfrac{\sqrt{5}}{2\sqrt{2}}$.

$$\frac{\dfrac{5}{4}}{\dfrac{\sqrt{5}}{2\sqrt{2}}} = \frac{2 \times 5 \times \sqrt{2}}{4\sqrt{5}} = \frac{\sqrt{5} \times \sqrt{2}}{2} = \frac{\sqrt{10}}{2}.$$

La surf. du point devient $\dfrac{\sqrt{10}}{2}$, son épaisseur $\sqrt{\dfrac{5}{8}}$. Les trois droites de triangle AD'D, sont donc dans la même surface volume de $e = \sqrt{\dfrac{5}{8}}$. Autrement dit : *Toutes choses se passent comme si les surfaces volumes de ces triangles semblables étaient parallèles.* Pour mieux préciser, les propriétés des triangles semblables, nous admettrons ce principe et nous dirons :

Donc, non seulement les droites des triangles ABC et AD'D, sont *parallèles dans la même surface superficielle, mais les surfaces volumes qui les contiennent sont parallèles entre elles.*

Faisons le rapport :

1° Des lignes de ces triangles, d'abord en long. linéaire, puis en surface :

2° Les rapports des surfaces superficielles des triangles, puis des surfaces-volumes de ces mêmes triangles.

$$\text{Nous poserons :}\quad \frac{BC}{D'D_1} = \frac{R}{R\sqrt{\frac{5}{8}}}\ ;\ \text{donc}\ \frac{BC}{D'D_1} = \sqrt{\frac{8}{5}} = \frac{2\sqrt{2}}{\sqrt{5}}.$$

$$\frac{AC}{AD_1} = \frac{R}{R\sqrt{\frac{5}{8}}}\qquad \frac{AC}{AD_1} = \sqrt{\frac{8}{5}} = \frac{2\sqrt{2}}{\sqrt{5}}.$$

$$\frac{AB}{AD'} = \frac{R\sqrt{2}}{\dfrac{R\sqrt{5}}{2}} = \frac{2\sqrt{2}}{\sqrt{5}} = \sqrt{\frac{8}{5}}.$$

Le rapport entre ces longueurs linéaires est donc constant ; il est égal à $\sqrt{\frac{8}{5}}$, rapport du ? du point élémentaire de BC et AC, au ? du point élémentaire de D'D₁ et AD₁, car $\sqrt{\frac{8}{5}} = \dfrac{1}{\sqrt{\frac{5}{8}}}$.

Considérons ces droites avec leur surface-volume :

$$BC = R. \qquad \text{surf. vol.} = R.$$
$$AC = R. \qquad\qquad\quad - = R.$$
$$AB = R\sqrt{2}, \qquad\quad - = R\sqrt{2} \times \sqrt{2} \times 1 = 2R.$$
$$D'D_1 = R\sqrt{\frac{5}{8}}. \qquad - = R\sqrt{\frac{5}{8}} \times \sqrt{\frac{5}{8}} \times 1 = \frac{5R}{8}.$$
$$AD_1 = D'D_1 \qquad\quad - = \qquad\quad » \qquad\quad = \frac{5R}{8}.$$
$$AD' = \frac{R\sqrt{5}}{2} \qquad - = \frac{R\sqrt{5}}{2} \times \frac{\sqrt{5}}{2} = \frac{5R}{4}.$$

$$\frac{BC}{D'D_1} = \frac{R}{\dfrac{5R}{8}} \qquad\qquad \frac{BC}{D'D_1} = \frac{8}{5}.$$
$$\frac{AC}{AD_1} = \qquad\qquad\qquad\qquad\qquad = \frac{8}{5}.$$
$$\frac{AB}{AD'} = \frac{2R}{\dfrac{5R}{4}} \qquad\qquad \frac{AB}{AD'} = \frac{8}{5}.$$

Donc, ces droites sont en surface-volume dans le rapport des surfaces (puisque $c = 1$) de leur point élémentaire, puisque $\dfrac{8}{5} = \dfrac{1}{\frac{5}{8}}$.

La surface superficielle de triangle ABC est $\dfrac{R \times R}{2} = \dfrac{R^2}{2}$;

La surface superficielle de triangle AD'D₁ est égale $R^2 \times \dfrac{5}{8 \times 2}$

$$\frac{\text{Surface ABC}}{\text{Surface AD'D}_1} = \frac{R^2}{R^2 \times \frac{5}{8}} = \frac{8}{5}.$$

Les deux surfaces superficielles sont donc dans le rapport des points élémentaires, des *lignes de ces deux triangles, considérées en surface-volume*.

Les surfaces volumes de ces triangles sont égales aux surfaces superficielles, car la surface du triangle ABC contient $\frac{R}{2}$ lignes de surf. vol. R. Le triangle ADD, contient $\frac{R}{2}$ lignes de surf. vol. $\frac{3R}{8}$. Ce cas est particulier au triangle isocèle rectangle.

Les surfaces de deux triangles semblables sont donc dans le rapport de leur point élémentaire, puisque $\frac{3}{8}$ est la surface du point élémentaire du carré de surface double.

Les surfaces de deux triangles rectangles, les lignes-surfaces de ces triangles sont dans le rapport de leurs points élémentaires.

Or, le rapport des lignes considérées en longueurs linéaires était le rapport des 2. des points élémentaires des lignes et des surfaces, car 2 du point $\frac{3}{8} = \sqrt{\frac{3}{8}}$.

Nous constatons, qu'alors que nous ne pouvions comparer entre elles les surfaces des triangles ABC et ADC, nous pouvons comparer surface triangle ABC, et triangle ADD; or, ce dernier n'est que le triangle qui mesure *la surface volume* du triangle ADC.

Il nous est donc possible, désormais, de comparer entre eux deux triangles rectangles quelconques : il suffira de les transposer de manière que leur hypothénuse soit mesurée dans le triangle isocèle rectangle de même hypothénuse.

Pour résumer, nous écrirons :

Dire que deux triangles sont semblables, c'est dire que leurs côtés homologues sont parallèles :

Que les rapports des longueurs linéaires des lignes homologues sont égaux au 2 du point élémentaire de leur surface : on dit que ces longueurs des côtés homologues sont proportionnelles. — Que les surfaces de ces triangles, les surfaces des lignes homologues sont dans le rapport des points élémentaires, communs à ces surfaces et à ces lignes.

C'est dire que ces deux triangles sont dans deux surfaces volumes parallèles.

Avec ces considérations revenons, à la formule générale de la surface du triangle :

Surf. triangle $\frac{B}{2} \times$ H. Nous pouvons décomposer, par la hauteur CD, la surface de triangle ABC, en celle de deux triangles rectangles ACD et CDB. Nous savons que : FE $= \frac{AD}{2}$ (fig. 45).

Construisons un triangle tel que CDA, soit ABC ce triangle; menons, par le milieu D de AB, une parallèle à CB. Faisons AB $=$ R, CB $= \frac{R}{2}$ (fig. 45 *bis*).

$$\text{Nous obtenons } AD = \frac{R}{2}, \quad ED = \frac{R}{4}.$$

Les surfaces de ces triangles sont :

$$\text{Surf. ABC} = \frac{R}{2} \times \frac{R}{2} = \frac{R^2}{4},$$

$$\text{Surf. AED} = \frac{R}{4} \times \frac{R}{4} = \frac{R^2}{16}.$$

Ce rapport est bien celui que nous avons trouvé pour les deux surfaces des triangles semblables ACB et ECG (page 30, fig. 19 et fig. 45). Nous avions dit :

$$\text{Surf. tr. ACB} = AB \times \frac{CD}{2}.$$

$$\text{Surf. tr. ECG} = FG \times \frac{CD}{2}, \text{ or, } FG = \frac{AB}{2}.$$

$$\text{d'où Surf. tr. ECG} = \frac{AB}{4} \times \frac{CD}{2}.$$

$$\text{Donc, } \frac{\text{surf. triangle ECG}}{\text{surf. triangle ACB}} = \frac{1}{4}.$$

Considérons, en surface, les droites homologues des triangles ABC et AED (fig. 45 *bis*).

Ligne surf. AB $=$ R.

Ligne surf. AD $=$ long. linéaire $\frac{R}{2} \times \frac{1}{2} = \frac{R}{4}$.

La ligne AD est donc le $\frac{1}{4}$, en surface, de la ligne AB.

De même, ligne surface CB $= \frac{R}{2} \times \frac{1}{2} = \frac{R}{4}$;

ligne surface ED $= \frac{R}{4} \times \frac{1}{4} = \frac{R}{16}$.

Ligne surface AC $= \frac{R\sqrt{3}}{2} \times \frac{\sqrt{3}}{2} = \frac{3R}{4}$.

Ligne surface AE $= \frac{R\sqrt{3}}{4} \times \frac{\sqrt{3}}{4} = \frac{3R}{16}$.

Le rapport des surfaces des lignes homologues de deux triangles semblables, est égal au rapport des surfaces de ces triangles.

Nous constatons que les lignes homologues sont elles-mêmes dans des surfaces homologues parallèles. *Et nous devons conclure que la ligne n'est pas, ne peut être une abstraction, la ligne est et ne peut être qu'une surface volume, c'est-à-dire un parallélipipède rectangle.* **La ligne est matérielle.**

Car, en effet, la ligne AB, étant la ligne qui n'a qu'une dimension, ne saurait être une portion de *la surface* du triangle ACB. Elle ne peut donc mesurer cette surface. Et, comment démontrer, autrement que par des rapports de surfaces, *que rien ne permet de mesurer*, que surface FCG $=$ surf. $\frac{ACB}{4}$. Or, la « *Théorie du point* » montre que chacune des lignes homologues de FCG est le $\frac{1}{4}$ en surface de la ligne homologue de ACB ; donc, quelle que soit la droite, mesure élémentaire de surface FCG, elle sera le quart de la mesure élémentaire de surface ACB.

Prenons deux cubes de côtés a et $\frac{a}{3}$.

La ligne a du premier cube est un parallélipipède rectangle de mesure $a \times 1$. Le volume du cube s'exprime $a \times a \times a \times 1 = a^3 \times 1 = a^3$.

La ligne $\frac{a}{3}$ du deuxième cube est un parallélipipède rectangle dont le ? du point est $\frac{1}{3}$. Le volume du point est $\frac{1}{3} \times \frac{1}{3} \times \frac{1}{3} = \left(\frac{1}{3}\right)^3 = \frac{1}{27}$. Le volume de la ligne $\frac{a}{3}$ est $a \times \frac{1}{27}$. Le volume du cube est :

$$a \times a \times a \times \frac{1}{27} = \frac{a^3}{27}.$$

Et nous vérifions que pour les volumes aussi bien que pour les surfaces, le rapport des volumes est le rapport de leur point élémentaire, pris en volume. Que le rapport des volumes est le rapport des volumes des lignes homologues. (Quand les lignes homologues sont exprimées en fonction d'une constante.

Il serait aisé de faire la même démonstration pour deux parallélipipèdes.

Il est aussi un autre cas de similitude des triangles, que nous étudierons avant de passer aux études qui doivent nous permettre de déterminer la longueur de la circonférence.

Soit un triangle rectangle BAC, abaissons du sommet A, sur la base BC, hypothénuse, la hauteur AD, et supposons que BC $=$ 2R, BA $=$ R. Nous trouvons par différence, en appliquant le théorème de la mesure de la diagonale, AC $=$ R$\sqrt{3}$, (fig. 46).

En effet, le cas particulier du triangle rectangle, est que ce triangle est déterminé quand deux côtés sont connus. Nous ferons la construction géométrique afférente à ce cas, à la fin de la démonstration : nous donnerons seulement, maintenant, la formule algébrique de cette construction.

Supposons AC non connu : appelons le x. Nous pouvons poser :

$$\text{Surf. ligne BC} = \text{Surf. ligne AB} + \text{surf. ligne } x.$$

Remplaçons ces lignes par leur valeur :

$$4\,R = R + x.$$
$$x = 4\,R - R = 3\,R.$$

3 R est une surface correspondant à la longueur linéaire $R\sqrt{3}$.

Un côté de l'angle droit est égal, dans un triangle rectangle quelconque, en surface, à la différence des surfaces de l'hypothénuse et du deuxième côté de l'angle droit.

Les trois côtés BC, BA, AC, de ce triangle rectangle étant connus, il nous est possible de définir dans le triangle BAC la hauteur AD.

En effet, faisons la surface de ce triangle, en appelant x, la longueur que nous cherchons de AD.

Surf. triangle peut s'écrire :

$$\frac{AB \times AC}{2} = \frac{R \times R\sqrt{3}}{2}.$$

ou :

$$\frac{BC \times AD}{2} = \frac{2\,R \times x}{2} ;$$

égalons ces deux équations :

$$\frac{R \times R\sqrt{3}}{2} = \frac{2\,R \times x}{2}.$$

nous tirons : $x = \dfrac{R\sqrt{3}}{2}$.

AD étant connu, nous constatons que la hauteur partage la surface BAC en deux triangles rectangles en D, BAD et ACD. Dans ces triangles, nous connaissons deux côtés : nous savons déterminer le troisième et nous trouvons BD $= \dfrac{R}{2}$, DC $= \dfrac{3R}{2}$.

Groupons pour les comparer les lignes homologues du triangle BAC, et des triangles rectangles en lesquels la hauteur décompose la surface BAC.

$$\text{Triangle BAC.} \quad BC = 2\,R, \quad BA = R, \quad AC = R\sqrt{3}.$$

$$\text{Triangle BAD.} \quad BA = R, \quad BD = \frac{R}{2}, \quad AD = \frac{R\sqrt{3}}{2}.$$

$$\text{Triangle ADC.} \quad AC = R\sqrt{3}, \quad AD = \frac{R\sqrt{3}}{2}, \quad DC = \frac{3\,R}{2}.$$

Les lignes homologues du premier triangle, comparées à celles du second, sont dans le rapport $\dfrac{2}{1}$: les lignes homologues du premier triangle, comparées à celles du troisième, sont dans le rapport $\dfrac{1}{\sqrt{3}}$. Les lignes homologues du deuxième triangle, comparées à celles du troisième sont dans le rapport $\dfrac{2}{\sqrt{3}}$.

Ces triangles ont donc des lignes homologues proportionnelles.

Or, en examinant les lignes homologues des triangles BAD et CAD, nous constatons que ces lignes homologues, sont respectivement perpendiculaires entre elles, et nous conclurons :

Deux triangles rectangles, dont les côtés homologues sont perpendiculaires entre eux, sont semblables.

Si ces deux triangles sont le résultat de la décomposition, par la hauteur perpendiculaire à l'hypothénuse, d'un triangle rectangle, les deux triangles de décomposition sont semblables au grand triangle.

La similitude des triangles BAD et CAB nous permet d'écrire : $\dfrac{AD}{BD} = \dfrac{DC}{AD}$, d'où AD = BD · DC.

BD et BC sont les deux segments en lesquels AD, hauteur, partage la base BC.

La géométrie orthodoxe exprime ce résultat en disant :

La hauteur perpendiculaire à l'hypothénuse, dans un triangle rectangle, partage la base en parties proportionnelles.

Ou encore : *La hauteur est moyenne proportionnelle entre les deux segments de la base.*

Il est malaisé de se rendre compte de la valeur réelle de cette définition, nous pourrions dire :

La surface du carré, construit sur la hauteur perpendiculaire à l'hypothénuse d'un triangle rectangle, est égale à la surface du rectangle construit sur les deux segments en lesquels la hauteur partage la base.

Sur ce résultat nous allons revenir ci-après.

Etant comme cette propriété que la hauteur AD, partage la surface du triangle BAC en deux triangles semblables entre eux et à BAC, faisons dans ces triangles, la surface des lignes homologues connues, appelant *x* et *y* les lignes surfaces des segments de la base BD et DC.

$$\text{Dans triangle BAC surf. lig. BC} = 4R. \quad \text{surf. lig. BA} = R. \quad \text{surf. lig. AC} = 3R:$$
$$- \quad \text{BAD} \qquad \text{BA} = R. \qquad \text{BD} = x. \qquad \text{AD} = \tfrac{3}{4}R:$$
$$- \quad \text{ADC} \quad - \quad \text{AC} = 3R \quad - \quad \text{AD} = \tfrac{3}{4}R. \quad - \quad \text{DC} = y.$$

Les surfaces des lignes homologues connues de ces trois triangles, sont dans les rapports :

$$4 \text{ à } 1 \text{ pour les deux premiers.}$$
$$4 \text{ à } 3 \text{ pour le } 1^{er} \text{ et le } 3^{me}.$$
$$1 \text{ à } 3 \text{ pour le } 2^{me} \text{ et le } 3^{me}.$$

Nous concluons : $\dfrac{\text{surf. ligne AB}}{\text{surf. ligne } x} = 4$: donc, surf. ligne BD $= \dfrac{\text{surf. ligne AB}}{4}$. Or, AB = R, donc,

surf. ligne BD $= \dfrac{R}{4}$, long. linéaire BD $= \dfrac{R}{2}$.

De même $\dfrac{\text{surf. ligne AC}}{\text{surf. ligne } y} = \dfrac{4}{3}$,

$$\text{Surf. ligne DC} = \dfrac{3R \times 3}{4} = \dfrac{9R}{4}.$$
$$\text{Long. ligne DC} = \dfrac{3R}{2}.$$

Et nous constatons que $\dfrac{R}{2} + \dfrac{3R}{2} = 2R$. C'est dire : BD + DC = BC.

D'autre part, dans triangle BAC, la surface de la base est égale à la somme des surfaces des deux côtés de l'angle droit.

$$4R = R + 3R.$$
$$\text{D'où surface AC} = \tfrac{3}{4} BC.$$
$$\text{surf.} \quad BA = \tfrac{1}{4} BC.$$
$$\text{Or, surf. DC} = \tfrac{3}{4} \text{ surf. AC.}$$
$$\text{surf. BD} = \tfrac{1}{4} \text{ surf. BA.}$$

Or, le dénominateur commun de ces deux dernières fractions est le carré du coefficient de la base. D'où cette règle pratique :

Pour obtenir la surface des segments en lesquels la hauteur AD partage la base, il suffit de faire la surface du côté adjacent à chaque segment, élever au carré le coefficient de la surface et de diviser les expressions obtenues par le carré du coefficient de la constante de la base.

$$\text{Surf. segment BD adjacent à BA} = \frac{\text{surf. BA} \times 1}{4} = \frac{R}{4}.$$

$$\text{Surf. segment DC adjacent à CA} = \frac{\text{surf. CA} \times 3}{4} = \frac{9R}{4}.$$

$$\text{D'où long. linéaire segment BD} = \frac{R}{2}.$$

$$\text{long. lin. seg.} \quad \text{DB} = \frac{3R}{2}.$$

Les segments étant connus en surface et longueur linéaire, on peut trouver la hauteur AD, en posant dans triangle ACD par exemple :

$$\text{Surf. AD} = \text{surf. AC} - \text{surf. DC} = 3R - \frac{9R}{4} = \frac{12R - 9R}{4} = \frac{3R}{4}.$$

$$\text{Long. linéaire AD} = \frac{R\sqrt{3}}{2}.$$

Nous pourrions de même obtenir AD par le triangle BAD.

Construisons sur $\text{AD} = R\dfrac{\sqrt{3}}{2}$ un carré ADEF, et comparons ce carré au rectangle BCIK, construit sur les deux segments BD et DC de l'hypothénuse (fig. 46).

La surface du point élémentaire de ce carré ADEF est : $\dfrac{\sqrt{3}}{2} \times \dfrac{\sqrt{3}}{2} = \dfrac{3}{4}$, puisque $\text{AD} = R\dfrac{\sqrt{3}}{2}$. Si nous construisons un rectangle de côtés DC et DI = BD, c'est-à-dire tel que ses dimensions soient égales à la longueur linéaire des segments de la base, nous pouvons connaître la valeur du point élémentaire *rectangulaire* de ce rectangle : il sera $\dfrac{1}{2} \times \dfrac{3}{2} = \dfrac{3}{4}$, car $\dfrac{1}{2}$ est le ∂ du point de BD $= \dfrac{R}{2}$, $\dfrac{3}{2}$ est le ∂ du point de DC $= \dfrac{3R}{2}$. Or, deux surfaces sont entre elles comme les surfaces de leur point élémentaire : donc les surfaces du carré et du rectangle, qui ont deux points élémentaires égaux en surface, sont égales.

Donc, surf. carré ADEF = surf. rect. DICK. Ce qui s'exprime : *Le carré, construit sur la hauteur perpendiculaire à l'hypothénuse d'un triangle rectangle, a même surface que le rectangle construit sur les segments en lesquels la hauteur partage la base.*

Nous avons donc apporté la démonstration géométrique du résultat algébrique : $\text{AD}^2 = \text{BD} \times \text{DC}$, ce que la géométrie orthodoxe ne fait pas, elle se contente de la vague formule : la hauteur d'un triangle rectangle est moyenne proportionnelle entre les deux segments de la base.

Nous avons ainsi construit un carré et un rectangle qui ont même *surface superficielle*, mais ils n'ont pas même diagonale, ils ne sont donc pas égaux en *surface volume* ou surface géométrique, car la diagonale du carré est : $\dfrac{R\sqrt{6}}{2}$, en longueur linéaire, celle du rectangle est : $\dfrac{R\sqrt{10}}{2}$, en longueur linéaire.

BA et AC sont les hauteurs du triangle rectangle BAC, si on considère AC comme base correspondante à hauteur BA, et BA comme base correspondante à hauteur CA (fig. 46).

Or, il est aisé de voir, que surface du carré construit sur BA est égale à surface-rectangle construit sur BC et BD.

Le point élémentaire du carré de côté BA = R, a pour surface $1 \times 1 = 1^2$. 1 est le ∂ de R. Le point élémentaire de BC a pour ∂ : 2, car BC = 2R. Le point élémentaire de BD a pour ∂ : $\dfrac{1}{2}$ car BD $= \dfrac{R}{2}$. Le point rectangulaire élémentaire du rectangle de côtés BC et BD a donc pour surface $2 \times \dfrac{1}{2} = 1$.

Ce point est en surface égal au point carré élémentaire, du carré construit sur BA = R. Donc $\overline{AB^2} = BC \times BD$.

La proposition formulée ci dessus est donc générale; car il est aisé de voir que $\overline{AC} = BC \times DC$.

Le carré construit sur le côté de l'angle droit d'un triangle rectangle est égal au rectangle construit sur l'hypothénuse entière et la projection du côté de l'angle droit considéré sur l'hypothénuse.

Pouvant au moyen des côtés du triangle rectangle BAC obtenir les segments BD et DC, on peut, connaissant les segments, obtenir les côtés BA et AC. Ces côtés obtenus on peut obtenir AD la hauteur.

Donc, un triangle rectangle est déterminé algébriquement connaissant la base et les segments en lesquels la hauteur partage la base.

Exemple : Connaissant $BC = 2R$ et les segments $BD = \dfrac{R}{2}$, $DC = \dfrac{3R}{2}$. Trouver les côtés BA, AC et la hauteur AD.

Nous n'avons qu'à appliquer les formules établies en suivant la marche inverse.

$\dfrac{R}{2} \times 2$ nous donnera la surface de BA. elle est égale à R dont la longueur linéaire est R.

$\dfrac{3R}{2} \times 2 = 3R = $ surf. AC. long. linéaire $AC = R\sqrt{3}$. hauteur $AD = \dfrac{R\sqrt{3}}{2}$.

Le triangle est également déterminé. si on connaît la base et l'un des segments. car le deuxième s'obtient. en retranchant la longueur connue du premier segment. de la longueur de la base.

Soient par exemple une base égale à πR, π étant le coefficient de la constante. le segment $BD = R$ (fig. 48).

Nous obtenons : $DC = \pi R - R = R(\pi - 1)$.

$$\text{Surf. côté BA} = \pi R. \text{ long. lin.} = R\sqrt{\pi}.$$
$$\text{Surf. côté AC} = R(\pi - 1) \times \pi \text{ long. lin.} = R\sqrt{\pi(\pi - 1)},$$
$$\text{Surf. côté AD} = \frac{R\pi(\pi - 1)}{\pi} \text{ long. lin.} = R\sqrt{\pi - 1}.$$

La construction de ce triangle. et du côté BA. en particulier nous sera nécessaire pour résoudre le problème dit *de la quadrature du cercle*. car, en appelant x le côté du carré de même surface qu'un cercle de rayon R, nous obtenons x en posant :

$$x^2 = \pi R^2.$$
$$\text{d'où } x = R\sqrt{\pi}.$$

Sur la base BC nous pouvons construire une série de triangles rectangles tels ABC. BA_1C. BA_2C. etc. Ils sont reliés entre eux par cette condition. que la surface de la ligne de base est égale à la somme des surfaces des lignes des côtés de l'angle droit (fig. 47).

Or, dans triangle BAC. isocèle rectangle. menons la hauteur AD. D. est le milieu de la base BC. On dit aussi que AD est une *médiane:* elle est représentée par A_1D (1) et A_2D dans les triangles BA_1C. et BA_2C. La médiane est la ligne qui joint le sommet au milieu de la base.

Dans triangle BAC, si $BC = 2R$. $AB = AC = R\sqrt{2}$. Nous savons que la hauteur du triangle isocèle rectangle est égale à la moitié de la base. donc. $AD = R$ rayon du cercle. et nous constatons que :

$$\overline{AD^2} = BD \times DC = R^2 = R \times R.$$

Cherchons la valeur de A_1D et A_2D et pour cela supposons que :

(1) Note de l'Auteur — Tracer A_1D omise sur la figure 47.

$$BA_1 = R \qquad A_1C = R\sqrt{3}.$$

$$BA = \frac{R}{2} \qquad AC = \frac{R\sqrt{3}}{2}.$$

Menons la hauteur A_1D_1 de triangle rectangle BA_1C. Nous pouvons déterminer la longueur linéaire de segment BD_1, par différence avec $BD = R$: nous obtiendrons BD_1 en longueur linéaire. Or, dans triangle rectangle A_1DD_1, surface ligne A_1D = surfaces lignes $A_1D_1 + D_1D$.

De la surface de A_1D nous tirerons sa longueur linéaire.

Surf. ligne BD_1 = $\frac{R}{4}$, long. linéaire = $\frac{R}{2}$, donc, long. linéaire $DD_1 = \frac{R}{2}$;

car $DD_1 = BD - BD_1 = R - \frac{R}{2} = \frac{R}{2}$. De même $A_1D_1 = \frac{R\sqrt{3}}{2}$.

Et nous pouvons écrire, en considérant triangle A_1D_1D :

Surface $A_1D = \frac{R}{4} + \frac{3R}{4} = R$, long. linéaire $A_1D = R$.

Donc, la médiane de triangle rectangle BA_1C est égale à la médiane du triangle rectangle BAC; c'est à dire que les points A et A_1 appartiennent à la circonférence d'un cercle de rayon R.

Dans triangle BA_2C, nous calculerons la hauteur et les deux segments BD_2 et D_2D de la base.

$$\text{Nous trouverions hauteur } A_2D_2 = \frac{R\sqrt{15}}{8}.$$

$$\text{Segment } BD_2, \text{ long. linéaire} = \frac{R}{4} \times 2 = \frac{R}{8}.$$

$$\text{d'où nous déduisons } D_2D = R - \frac{R}{8} = \frac{7R}{8}.$$

Considérant triangle A_2D_2D : Surface ligne $A_2D = \frac{49R}{64} + \frac{15R}{64} = \frac{64R}{64} = R$. Donc, la médiane DA_2 du triangle BA_2C est, elle aussi, égale au rayon.

Par les points A, A_1, A_2, on peut donc faire passer une circonférence. Nous répéterions cette construction au dessous de la droite BC et nous pouvons conclure :

La circonférence est le lieu géométrique des sommets des triangles rectangles dont l'hypothénuse est égale au diamètre de la circonférence.

La géométrie orthodoxe traduit ce résultat en disant que *l'angle droit est capable d'une demie circonférence.*

Si nous remarquons que dans ces différents triangles dont la médiane est l'hypothénuse, la surface de l'hypothénuse est exprimée par une surface double de sa surface réelle, nous devons conclure, que la surface du rayon de la circonférence est : $\frac{R}{2}$. C'est ce que nous démontrerons en effet.

Nous pouvons maintenant construire géométriquement le triangle dont on connaît seulement l'hypothénuse et l'un des segments en lesquels la hauteur partage la base. Soit BC, la base égale à πR, et BD l'un des segments de la base, dont la longueur est R (fig. 48).

Nous prenons la moitié de la base BC, soit O ce point. Du point O, comme centre avec OB pour rayon, nous décrivons une demie circonférence. Au point D, nous élevons une perpendiculaire qui coupe la circonférence au point A. Joignant AB et AC, le triangle rectangle est construit.

Dans ce cas particulier, $BA = R\sqrt{\pi}$, c'est le côté du carré de même surface qu'un cercle de rayon égal à $BD = R$. Mais pour pouvoir obtenir BA, il faut que $BC = \pi R$, *soit une longueur linéaire finie* : or, pour le présent, il n'existe pas de *construction géométrique permettant de déterminer πR, valeur de la demie circonférence. Il existe seulement une valeur algébrique de πR, et cette valeur algébrique étant imprimée en fonction du facteur incommensurable π, est elle même incommensurable, et partant ne peut être représentée par une droite finie.* Nous déterminerons au contraire ci après la longueur *finie* de πR. Géométriquement, nous déterminerons πR.

CHAPITRE IX

Objet : **Recherche d'une droite extérieure à l'arc, quart de la circonférence, telle que l'arc soit compris
entre cette longueur et celle du côté du carré inscrit** (1).

Nous connaissons maintenant, exprimée en fonction du rayon du cercle, la longueur de corde AB,
la plus grande corde du quart de cercle, dont la longueur est plus petite que la longueur du quart de la
circonférence. On dit de la ligne courbe ACB (2), qu'elle est *enveloppante* par rapport à corde AB (fig. 49).

Si nous pouvions obtenir une deuxième longueur plus grande que arc ACB, n'ayant avec lui, comme
corde AB, que les deux points A et B communs, cette longueur serait à son tour enveloppante par rapport
à longueur arc ACB.

Si nous pouvions établir ensuite, que longueur arc ACB, excède longueur ligne AB, de la même quantité
dont la ligne enveloppante excèdera arc ACB, nous aurions encadré, longueur arc ACB, entre deux longueurs
définies, et nous pourrions mesurer arc ACB par la demi-somme de la ligne AB enveloppée et de la ligne
enveloppante.

Mais pour que la demi somme de ces longueurs *rectilignes*, puisse représenter la longueur de arc ACB,
qui est une ligne *curviligne*, il faudrait démontrer que la ligne curviligne ACB *peut être mesurée par une
ligne rectiligne*. Or les lignes rectilignes et curvilignes sont composées de points qui ont des dimensions et des
surfaces. *Il faudrait donc établir que les dimensions et la surface du point de la courbe peuvent être mesurées par
les dimensions et surfaces du point d'une ligne droite.*

Nous allons d'abord déterminer la ligne enveloppante, puis nous mesurerons le point curviligne de la
circonférence.

Construisons sur la ligne OA = R, le carré OADB (fig. 49). Menons la diagonale AB de ce carré. Nous
savons que la longueur AB = R $\sqrt{2}$. Du point O comme centre avec OB = R pour rayon, décrivons une
circonférence. L'arc de cercle BAC sera le quart de cette circonférence.

Si nous examinons les droites AD et DB, elles sont égales entre elles et à R, ce sont les traces de plans
tangents menés aux points A et B de la circonférence ; les droites AD et DB sont les tangentes à la
circonférence en A et B. En ces points, elles sont perpendiculaires aux rayons OA et OB qui y aboutissent.

Prolongées, ces droites restent extérieures à la circonférence, et si par les points A' et B' nous menons
deux autres perpendiculaires à OA' et OB' nous déterminons, en les prolongeant comme les premières, un
carré DD'D''D'''. de côté 2 R. extérieur à la circonférence. Les côtés de ce carré DD'D''D''', ont avec la
circonférence quatre points communs seulement, A, B. A'.B'.

Or, la ligne brisée ADB égale en longueur linéaire à 2 R. a deux points communs avec arc ACB, les
points A et B. Elle est enveloppante par rapport à ACB, puisque tous ses points, sauf les points communs A
et B, sont plus éloignés que les points de arc ACB, de nos plans de comparaison de traces OA et OB.

Il est aisé de voir que tout système, composé de deux lignes brisées égales, ne correspondrait pas aux
conditions que nous avons posées. Les deux lignes AD_1 et BD_1, plus petites l'une et l'autre que AD et DB.
couperaient la circonférence chacune respectivement en deux points, F, A, et F_1, B : la longueur AD'B ne
sera donc pas enveloppante par rapport à arc ACB puisqu'elle couperait arc ACB. Les deux lignes AD_2 et BD_2,

---

(1) Voir détail des matières à la table.
(2) Le point C, omis sur la figure 49, est à la rencontre de diagonale OD et de la circonférence.

plus grandes que AD et DB, couperaient la circonférence en deux points A et F', pour la première, B et F', pour la seconde. La ligne brisée ADB ne pourrait faire partie d'un quadrilatère enveloppant par rapport à la circonférence, puisque deux de ses côtés couperait la circonférence.

La ligne brisée ADB, est donc la seule qui soit extérieure à la circonférence, n'ayant avec elle que deux points communs.

Nous mesurerons donc la circonférence entière par rapport aux lignes du carré circonscrit DD'D"D"', et comme les deux diamètres AA' et BB' partagent la surface du cercle et celle du carré en quatre parties égales, nous pourrons limiter nos études au quart de ces surfaces, soit au carré OADB, dans lequel arc ACB représente le quart de la circonférence.

Donc par rapport à arc ACB, la ligne brisée ADB représente une longueur enveloppante plus grande que arc ACB : longueur arc ACB est donc comprise entre deux longueurs rectilignes, corde AB et longueur AD $+$ DB.

Avant de mesurer la ligne brisée ADB, nous devons rappeler qu'il est de convention d'exprimer toutes les droites de la surface du cercle, et AD et DB ont avec cette surface la première le point A, la deuxième le point B communs, en fonction du rayon du cercle. Nous savons que cette convention a pour effet de modifier l'unité de mesure adoptée dans la première partie de la « *Théorie du point* » pour la mesure des lignes, surfaces et volumes rectilignes. Cette unité de mesure était le point cubique ou carré de dimensions $l = 1$, $h = 1$, $e = 1$.

Désormais, R devient une commune mesure entre les droites du cercle, c'est une constante ; en présence de cette constante le point devient la variable. C'est ainsi que la droite AB se compose linéairement de R points de dimension $\sqrt{2}$. La surface de son point est $\sqrt{2} \times \sqrt{2} = 2$.

Mais si le point unité de mesure était astreint à être un volume ou une surface, nous sommes induits à penser que la constante R qui doit être commune mesure des lignes, surfaces et volumes circulaires, doit être, *considérée géométriquement*, un volume ou une surface. S'il n'en était pas ainsi, nous contreviendrons au principe base de la « *Théorie du point* », que tout volume ou surface se mesure par un volume ou une surface élémentaire, autrement dit, la *représentation géométrique de l'expression algébrique R doit être une surface, une surface volume*.

Il importe donc, avant d'effectuer aucune mesure, de définir R rayon du cercle.

Nous allons montrer que le rayon du *cercle*, l'épaisseur du cercle étant $e = 1$, dimension de nos plans de projection, *est une surface*.

Pour atteindre ce but, il faut d'abord préciser ce qu'est le centre d'un cercle. Pour l'instant nous admettons ce centre comme étant le *point carré* O, intersection des deux droites OA et OB égales à R. Ce point a pour dimensions : 1, sa surface est : $1 \times 1 = 1^2$ (fig. 50).

Or, considérons le carré DD'D"D"' extérieur au cercle, menons les deux droites AA', BB', perpendiculaires entre elles, passant par le point de rencontre des deux diagonales de ce carré. Nous avons décomposé le carré DD'D"D"' en quatre carrés OADB, OBD'A', OAD"B', OBD"'A.

Considérés deux à deux, ces carrés ont des lignes égales en longueur et en surface qui leur sont communes. Carré OADB a la ligne OB commune avec carré OBD'A', et la ligne OA commune avec le carré OAD"B'.

Donc, chacune de ces lignes appartient pour moitié de sa surface à chacun des carrés considérés. OB $= $R en longueur et en surface, appartient pour moitié à surface OADB, pour moitié à surface OBD'A' ; OA $=$ R en longueur et surface, appartient par moitié à surface OADB et à surface OAD"'B'. $\frac{R}{2}$ est donc la surface de OB dans carré OADB. $\frac{R}{2}$ est la surface de OA dans carré OADB.

Pour constituer les droites de surface $\frac{R}{2}$ qui limitent les différents carrés, nous mènerons par les milieux a et a', des dimensions $h = 1$, des points A et A', une direction aa'; par les points b, b' milieu des dimensions $l = 1$, des points B et B', une direction bb'.

Ces directions décomposeront les surfaces des droites OA, OB, OA', OB', en deux surfaces égales à $\frac{R}{2}$. Nous aurons ainsi défini les droites du cadre des surfaces OADB, OBD'A', OA'D'B', OB'D'''A. Ces directions se coupent en ω. Or, ce point ω est la rencontre des diagonales du point carré O. ω est le centre du point O. Nous l'appellerons le *centre axial* du point O. ω est le centre du carré DD'D''D'''. ω est le centre axial du cercle.

De même les droites DD', D'D'', D''D''', D'''D, sont communes au carré DD'D''D''' et aux carrés de même surface que l'on pourrait construire sur ces côtés. Pour déterminer la surface de ces droites qui appartient au carré DD'D''D''', nous déterminerons le centre axial du point A, point de rencontre de OA avec D'''D, soit γ ce centre axial. Nous déterminerons le centre axial γ' du point D, γ'' au point D'', nous mènerons la direction $\gamma''\gamma\gamma$. Nous répéterions la construction pour les trois autres côtés et nous aurions pour limite de notre carré les directions $\gamma\gamma'$, $\gamma'\gamma''$, $\gamma''\gamma'''$, $\gamma'''\gamma$.

Or, les directions $\omega\omega$, $\gamma\gamma'$, etc., passent par les centres axiaux de tous les points de AO, de DD'. Nous appellerons ces directions *lignes axiales* [1].

Si ω est le centre du cercle, γ le centre axial du point A, le côté du carré OADB est limité par la ligne $\omega\gamma$, donc $\omega\gamma$ est la longueur du rayon du cercle, c'est-à-dire que le rayon du cercle est représenté suivant nos anciennes directions OA et OB par les lignes $\gamma a', o', \omega$, et $o, \omega b, b$.

De ces déterminations, il résulte que pour construire un carré de côté égal à R, si R = 15 par exemple, nous prendrons à partir de O une dimension $\frac{1}{2}$ dans le sens OA ; nous porterons ensuite 14 dimensions = 1, puis une dernière dimension $= \frac{1}{2}$. Nous ferons de même sur la direction OB perpendiculaire à OA (fig. 49).

Si nous menons par les points ainsi déterminés de OA et OB des abcisses et ordonnées, nous décomposerons le carré par les lignes surfaces qui doivent le mesurer.

Par la décomposition des droites OA et OB en points tous égaux nous avions :

$$\text{Surface OADB} = 15 \times 15 = 15^2.$$

Par la nouvelle décomposition nous aurons :

$$\text{Surface OADB} = \left(14 + 2 \times \frac{1}{2}\right)\left(14 + 2 \times \frac{1}{2}\right).$$
$$= 15 \times 15 = 15^2.$$

Ce principe des droites du cadre nous a donc permis de définir le centre du cercle, qui est le centre axial du point carré O, rencontre de deux diamètres perpendiculaires entre eux.

Ce principe étant définitivement acquis, nous pourrons nous en affranchir, pour rendre plus facile l'exposition de certaines démonstrations, mais nous n'omettrons pas de faire remarquer les modifications que le principe des droites du cadre apportent à ces démonstrations.

Le carré surface ABCD dont le côté est égal à R se mesure par la droite élémentaire de surface R qui est un rectangle dont les deux dimensions sont R et 1. Représentons cette droite par le rectangle ab $|a'b'|$ (fig. 51).

Si nous menons la diagonale ab' nous décomposons la surface rectangle en [deux surfaces triangles abb', et $aa'b'$, égales entre elles et à $\frac{R}{2}$. Si nous prenons le milieu O, de $a'b$, que nous joignions Oa et [Ob; nous déterminons trois triangles, l'un $aOb = \frac{R}{2}$ et deux autres $aa'O$, bOb', dont la somme des surfaces chacune

(1) Ces *lignes* ou *directions axiales* sont les droites abstraites de la géométrie orthodoxe.

égale à $\frac{R}{4}$, est égale à $\frac{R}{2}$. De même si nous menons OK. nous décomposerons la surface du triangle O*ab* en deux triangles de surface $\frac{R}{4}$.

Construisons avec les droites du cadre un carré de côté R et supposons R = 16 (fig. 52). Nous porterons sur la direction OA d'abord une dimension $\frac{1}{2}$, puis 15 dimensions 1, puis une dernière dimension $\frac{1}{2}$. Nous ferons la même opération pour construire le côté OB du carré R = 16 (fig. 52). Nous construirons de même les deux autres côtés AD et BD du carré.

Marquons sur BD. après B*b* = $\frac{1}{2}$. les divisions successives *bc, cd, de, ef*, etc.. dimensions 1 en nombre égal à 15. puis la dernière dimension *z*D = $\frac{1}{2}$.

Supposons que nous voulions joindre tous les points de BD au point carré O déterminé dans le carré DD'D"D'" (fig. 50) par la rencontre de deux diamètres. point dont *o* de fig 52 est le centre axial. Nous devrons à cet effet mesurer les $2\frac{1}{2}$ droites $\frac{R}{2}$, qui appartiennent au carré tangent. au carré OADB, c'est-à-dire figurer les droites de surface double de nos droites du cadre. Le point carré, rencontre des rayons rectangulaires OA et OB. sera $o_1o_2o_3o_4$ (fig. 52).

Les droites $o_1o_2bb_1$, $o_1o_2aa_1$, représenteront la droite de longueur R de surface R. rayon du cercle tel que nous l'avons accepté. tel que la géométrie orthodoxe le définit. droite élémentaire qui mesure la surface de carré OADB.

Nous aurons dans la droite rectangulaire $o'_1o_2bb_1$ la véritable représentation de la droite de longueur R. car le centre du cercle est en réalité à la rencontre des lignes axiales des droites OB et OA.

Pour joindre le point *bc* = 1 au point O, nous tracerons le parallélogramme *bco₂o'₁*. Ce parallélogramme a pour mesure R. Nous joindrons de même *cd, ed, ef*, etc. Chacune de ces droites parallélogrammes a pour surface R.

Or. à bien les considérer. nous voyons que la surface *bco₂o'₁* recouvre la moitié de la surface de *bb₁o₂o'₁* ; que surface *cdo₂o'₁* recouvre la moitié de la surface de *bco₂o'₁*, etc. Les lignes quadrangulaires de surface R, que nous avons ainsi tracées. se réduisent à des *lignes triangulaires* de surface $\frac{R}{2}$. Ces droites triangulaires ont pour sommet commun le point *o'₁*. elles sont *o'₁b₁b. o'₁bc. o'₁cd*. etc.

Or. nous savons que nous pouvons, sans changer la valeur en surface de ces droites, transporter ce sommet commun au point *o*. centre axial du point O (1). et nous obtenons ainsi, pour droites décomposant la surface du triangle OBD. des droites triangulaires *bob₁, cob₁, doc*, etc. (fig. 53).

Ces droites triangulaires. de surface $\frac{R}{2}$ peuvent nous servir à mesurer la surface du triangle, puisqu'elles décomposent cette surface en surface égales. Il y a. dans triangle OBD. 15 droites de surface $\frac{R}{2}$ + 2 droites *bb₁ et ozd* de surface $\frac{R}{4}$. d'où surf. triangle = $15\frac{R}{2} + 2 \times \frac{R}{4} = 16\frac{R}{2} = R \times \frac{R}{2} = \frac{R^2}{2}$. C'est bien en effet la surface du triangle OBD. telle que nous avons appris à la mesurer.

Nous mesurerions de même triangle ODA. Sa surface est $\frac{R^2}{2}$ et nous obtenons. par la somme de ces deux surfaces. la surface du carré OADB = $\frac{R^2}{2} \times 2 = R^2$.

Donc. au moyen de cette droite *triangulaire* élémentaire. de surface $\frac{R}{2}$. nous mesurons un triangle, un carré. Cette droite est la *seule* que nous puissions mener du point *o*. centre du carré et du cercle, à tous les points des côtés du carré OADB. Or. cette droite, *portion de la surface des triangles ou du carré,*

(1) Voir pages 83 et 84

est et ne peut être que matérielle. Car si, comme le fait la géométrie orthodoxe, on peut, *à la rigueur,* faire abstraction de la surface de la droite *rectangulaire* R, qui mesure le carré, pour écrire : surf. carré $= R \times R = R^2$, il est impossible de concevoir comme *immatérielle* la droite *triangulaire* de surface $\frac{R}{2}$, car il n'est pas possible de la remplacer par une droite rectangulaire de surface $\frac{R}{2}$, c'est-à-dire de dimensions R et $\frac{1}{2}$, car ces droites *ne pourraient avoir pour point commun le point axial o.*

Donc, **la droite triangulaire** $\frac{R}{2}$ *est une* **surface,** NE PEUT ÊTRE **qu'une surface ;** *donc, la ligne rectangulaire R, de surface double, est et ne peut être qu'une* **surface.**

Or, cette ligne $\frac{R}{2}$, c'est le rayon du cercle, car si avec la direction axiale *ob* pour rayon, nous traçons l'arc quart de circonférence BA, la ligne ob_4b_4 est commune au carré circonscrit DD'D''D''' et au cercle. *Donc, le rayon du cercle est une ligne triangulaire de surface* $\frac{R}{2}$. $\frac{R}{2}$ *est une portion de la surface du cercle ; c'est une droite matérielle.*

Et nous avons désormais fait justice de la droite **abstraite.** *La droite, quelle qu'elle soit, est toujours une portion d'une* **surface ;** LA DROITE EST UNE SURFACE.

Dans l'étude que nous venons de faire de la mesure du triangle OBD, et du carré OADB, par une droite triangulaire $\frac{R}{2}$, nous avons montré que cette droite de décomposition $\frac{R}{2}$ est aussi le rayon du cercle.

Or, si ob_4b_4 et oaa_4 sont égaux à $\frac{R}{2}$, parce que B et A sont points communs au carré et à la circonférence, il est d'autre part certain que toutes les autres droites $\frac{R}{2}$, de décomposition du carré n'appartiennent, que pour une portion de cette surface $\frac{R}{2}$, à la surface du cercle.

D'autre part, pour que le rayon du cercle (fig. 54) soit égal à la ligne de surface $\frac{R}{2}$, qui se mesure par $\frac{bb_4}{2} \times 16 = \frac{bb_4}{2} \times R$, il faut que :

1° Le point curviligne *cBc₁* soit égal au point rectiligne bBb_4 ;

2° Que Oc et Oc₁ soient égaux à OB, hauteur du triangle Obb_4.

Or, comme démontrer que le triangle à base curviligne c_1Oc est égal en surface au triangle à base rectiligne b_4Ob, de même hauteur OB, c'est mesurer une portion de la circonférence, c'est-à-dire résoudre le problème que nous nous sommes posé, *de mesurer une ligne courbe régulière par une ligne droite,* c'est cette proposition que nous allons d'abord démontrer.

Nous pourrions dire que nous possédons une indication de principe. Le point B est commun 1° au rayon OB ; 2° à la tangente DB ; 3° à la circonférence. Or, sur le rayon et sur la tangente, ce point a la même valeur, sa dimension est égale à 1, il y a présomption que le point de la courbe est aussi égal à 1 (fig. 53).

Mais nous allons le démontrer directement en convertissant une ligne droite rectangulaire de longueur R, de surface R, en une droite *triangulaire à base curviligne,* de hauteur R, de surface $\frac{R}{2}$.

Soient deux lignes OB et OA perpendiculaires entres elles et égales à R. Formons le carré sur ces deux lignes et décomposons la surface du carré en lignes élémentaires rectangulaires qui la mesurent, lignes de surface $R \times 1$ (1 étant la dimension du point de OB, de OA) (fig. 55).

Menons les lignes axiales de OB, de OA, de AD, également les lignes axiales des lignes de décomposition parallèles à OA.

Nous admettons que la véritable longueur R du rayon sera la ligne *oa,* joignant le centre axial du point O au centre axial du point A. Par conséquent le point A n'appartiendra que pour moitié à la surface du cercle. Cependant pour plus de clarté dans l'exposition, tout en considérant comme droite égale à R, la droite rectangulaire $o_1o_2a'a''$, nous ferons participer le point A tout entier à l'évolution de cette droite, nous réservant de définir ensuite la partie de ce point A qui appartiendra réellement à la surface du cercle (fig. 53).

Nous représentons sur la fig. 53 *bis*, cette droite rectangulaire agrandie en $o_1o_2a'_1a''_1$, long. $R = oa$. Le point A est le carré $a'_1a''_1a'_2a''_2$.

Nous voulons transformer la droite rectangulaire $o_1o_2a'a''$ de longueur $oa = R$, de surface $R \times 1 = R$, en une ligne triangulaire à *base curviligne* de même longueur R, de surface $\frac{R}{2}$.

Nous ferons, dans ce but, pivoter la direction o_1a' autour du point a', la direction o_2a'' autour du point a''. Ces deux directions dans ce mouvement se rencontreront sur la direction oa au point o'. Ces deux directions prolongées au delà de a' et a'' rencontreront en f et g la direction $a'_1a''_1$, de la dimension du point carré primitif. Elles rencontrent en h et i, la direction $a'_2a''_2$ du point carré primitif.

Ce point carré est devenu, par cette construction, le point trapèze $fghi$. Or, ce point trapèze a même surface que le point carré primitif, car $a'a''$, base moyenne du point carré, n'a pas changé de valeur pas plus que l'autre dimension a_1a_2.

Surface point carré $= a'a'' \times a_1a_2$.

Surface point trapèze $= a'a'' \times a_1a_2$.

Mais la hauteur du triangle $o'a'a''$ n'est plus égale à R, seuls les côtés de ce triangle, $o'a'$ et $o'a''$, sont égaux à R.

Supposons maintenant que les points a, a_1, a_2, restant fixes, partant la direction oa, et que restant soudés aux directions $o'f$ et $o'g$, les points f, a', h, et g, a'', i, nous fassions glisser le sommet o' sur la droite ao, ce point entraînant dans son mouvement les côtés du triangle et les points f, a', h, g, a'', i, jusqu'à ce qui o' vienne en o.

Dans ce mouvement les points a_1, a, a_2, restant fixes, les dimensions du point trapèze vont *s'incurver*. Mais dans ce mouvement d'incurvation à cause de la fixité des points que nous avons définis, les longueurs linéaires primitives du point trapèze, devenu point à *bases curvilignes*, n'auront pas changé, et le mouvement terminé, nous aurons une ligne triangulaire dont les côtés et la hauteur seront égaux à R, dont le point curviligne de base aura même surface que le point carré, primitif, même surface, que le point trapèze de transition. La dimension $\gamma\gamma'$, base curviligne du rayon $oa = R$, sera égale à $a'a'' = 1$. La surface de la droite triangulaire, rayon à base curviligne du cercle, sera donc $\frac{1 \times R}{2} = \frac{R}{2}$.

Et nous voyons que la ligne droite, qui a même mesure que la dimension curviligne du point, est la tangente au milieu de la dimension curviligne de ce point, tangente arrêtée aux directions des lignes qui limitent la surface du rayon.

Nous voyons donc que *la circonférence peut se mesurer par une ligne droite, puisqu'une portion de la circonférence peut se mesurer par une ligne droite.*

La tangente au milieu de la base du point, est la mesure linéaire du point curviligne, c'est une indication théorique de la plus haute importance.

La circonférence n'est pas la limite vers laquelle tendent deux polygones, l'un inscrit, l'autre circonscrit; elle est l'un de ces polygones (1).

---

(1) Il y a là une contradiction évidente avec la théorie orthodoxe, qui, impuissante à préciser géométriquement la longueur de la circonférence, *dit que celle-ci est la limite vers laquelle tend deux polygones, l'un inscrit, l'autre circonscrit, dont on double indéfiniment le nombre des côtés.*

Or, nous allons établir l'insuffisance de la géométrie orthodoxe, en montrant qu'à une limite assez rapprochée, elle admet que les côtés des deux polygones sont égaux.

Pour cela prenons la table de logarithmes de Caillet : nous y trouvons :

L'Arc de 1' calculé avec la valeur $\pi = 3.1415926..$., a pour longueur linéaire le même nombre que son sinus soit : 0.000290.8882.

Mais la tangente à l'arc a même valeur que l'arc et le sinus, car les logarithmes des sinus et tangentes ne diffèrent qu'à partir de l'angle 6'. *Jusqu'à l'angle de 6' la théorie orthodoxe ne peut définir algébriquement la différence entre la tangente et le sinus.*

Donc, pour l'angle de 1' le côté du polygone inscrit a même valeur que le côté du polygone circonscrit. Donc, il est une limite où l'arc peut être égal à la tangente. Et nous vérifions ainsi que la tangente peut mesurer le point curviligne du rayon.

Mais la figure 53 *bis* montre que même dans ce cas le sinus reste plus petit que la tangente, car si nous abaissons de γ la perpendiculaire $\gamma\gamma_1$ sur oa, $\gamma\gamma_1$ est le sinus de l'angle γoa, et $\gamma\gamma_1 < a'a'$, qui est la demi-tangente. La « *Théorie du point* » maintient donc, jusqu'à la limite, la différence *géométrique* nécessaire entre la tangente et le sinus.

La partie $\gamma a_2 \beta a_2 \beta'$ du point curviligne de rayon R, appartient seule à la surface du cercle, la partie $\beta a_3 \beta' \gamma \gamma'$ appartient à la surface d'un cercle de rayon supérieur à R. ou à une surface limitée par deux circonférences, de rayon R et R'. et R' > R. *Cette surface et la surface du cercle de rayon R. se pénètrent de la valeur d'une ligne circonférence dont $\beta\beta'\gamma\gamma'$ est le point élémentaire.*

Nous transformerions ainsi toutes les droites rectangulaires de décomposition du carré OABD, parallèles et égales à OA. en lignes triangulaires à base curviligne, de longueur R et de surface $\frac{R}{2}$. En amenant ensuite tous les sommets o_3, o_4, o_5 à coïncider avec o. de OA. nous aurons réalisé une portion de circonférence dont le point élémentaire sera égal à 1. et le rayon. mesure élémentaire de sa surface. égal à $\frac{R}{2}$ (fig. 55.).

Nous avons bien démontré que les dimensions curvilignes du rayon OA, et du rayon OB sont égales aux dimensions 1, du point unité de mesure, des droites BD et AD (fig. 53). et nous avons démontré également que le point intersection de la droite OA triangulaire, avec la droite AD. est égal au point intersection de la droite rectangulaire OA avec AD. Mais il ne nous suffit pas d'avoir démontré que les points de la courbe en A et B sont égaux à 1 : il nous faut démontrer que *tous les points de la courbe sont égaux à 1, c'est-à-dire que la droite élémentaire qui mesure la surface du cercle est bien* $\frac{R}{2}$.

Alors seulement le problème à résoudre sera défini. Nous chercherons si ce point, 1, de la circonférence, **devenu unité de mesure**, *se mesure dans les plans de comparaison que nous avons adoptés.* c'est-à-dire dans les mêmes plans où nous mesurons les points des droites AD et BD (fig. 53), car *si ces plans n'étaient pas parallèles aux plans de comparaison,* il nous faudrait pour comparer *géométriquement.* les points de AD et BD. au point de la circonférence, *devenu unité de mesure,* rendre les plans de projection dans lesquels nous mesurerions les points de AD et BD parallèles aux plans de projection dans lesquels nous mesurons le point de la courbe.

Or si (fig. 56), nous menons les coordonnées rectangulaires d'un point E. de la courbe, situé à la distance EE_4 de l'axe des abcisses. la rencontre de l'ordonnée EE_2 et de l'abcisse EE_1. déterminera le point E du rayon OE. qui est également un point de la circonférence. Or le rayon OE. droite triangulaire. est l'hypothénuse du triangle rectangle OEE_4. Il s'agit, par conséquent. de savoir ce que sont les points d'intersection d'une hypothénuse triangulaire avec ses projections EE_2 et EE_1.

Nous savons que, par assimilation avec le cas du triangle isocèle rectangle. nous sommes amenés à considérer le point intersection d'une droite rectangulaire, hypothénuse d'un triangle rectangle quelconque avec ses projections, comme égal en dimension et en surface au point de l'hypothénuse du triangle isocèle rectangle de transposition (1). Il importe de savoir *si ce point intersection reste le même quand l'hypothénuse est une droite triangulaire.*

Nous allons généraliser la question en cherchant la valeur des points intersection des diverses hypothénuses, sécantes du carré, menées du point O aux points de AD (fig. 57).

Pour plus de clarté dans l'exposition, nous construirons le carré sans nous préoccuper des droites du cadre. Nous prendrons sur AD et BD = R. et R étant égal à 15. 15 points égaux à 1.

Menons d'abord la diagonale rectangulaire OD. du carré OADB.

Cette droite a pour intersection avec AD un point parallélogramme égal à 2 en surface. point qui peut être remplacé par le point carré de dimension $\sqrt{2}$ dans le sens OD. et $\sqrt{2}$ dans le sens dd_1 perpendiculaire à OD: soit $dd_1 d'' d''$, ce point.

La longueur R $\sqrt{2}$ de cette droite est limitée à une perpendiculaire OO_1 passant par le point O et égale à $\sqrt{2}$.

Si nous joignons le point O aux points d et d_1. nous déterminons une droite triangulaire et le point

<hr>

(1) Voir page 67.

carré $d'd_1d''d'_1$, devient un point trapèze de même valeur, de mêmes dimensions $\sqrt{2}$ que le point $d'd_1d''d''_1$, puisque sa base moyenne et la hauteur du point n'ont pas changé. Le point reste donc égal à 2 en surface, à $\sqrt{2}$ en dimension.

Donc le point intersection de la diagonale triangulaire reste le même que le point de la diagonale rectangulaire. Mais, en surface, cette diagonale triangulaire n'est plus égale à 2 R, car sa surface est $\frac{dd_1}{2} \times OD = \frac{\sqrt{2}}{2} \times R\sqrt{2} = R$.

La surface de la diagonale triangulaire est donc égale à la demi-surface de la diagonale rectangulaire de même longueur.

Si cette diagonale, nous la décomposons en deux hypothénuses, le point intersection de cette hypothénuse sera moitié du point de la diagonale ; il aura pour dimension : $\sqrt{2}$, dans le sens D'D", et $\frac{\sqrt{2}}{2}$, dans le sens dD. La surface de ce point sera donc égale à $\frac{\sqrt{2}}{2} \times \sqrt{2} = \frac{2}{2} = 1$. La surface de la droite hypothénuse, triangulaire de chacun des deux triangles rectangles AOD et BOD sera donc en surface $\dfrac{\frac{\sqrt{2}}{2} \times R\sqrt{2}}{2} = \frac{R}{2}$.

Nous obtenons donc pour cette hypothénuse qui, droite rectangulaire, avait pour surface R, une surface qui est $\frac{R}{2}$, *moitié de la surface théorique*. Le théorème du carré construit sur la diagonale est donc modifié par l'introduction de la diagonale triangulaire.

Nous pouvons, par extension, ainsi que nous avons fait pour la surface de l'hypothénuse rectangulaire, continuer à appliquer le théorème : *la surface de la diagonale est égale à la surface de ses composantes ; la surface de l'hypothénuse est égale à la surface de ses composantes*, mais nous retiendrons, qu'en réalité nous obtenons pour la surface de la diagonale triangulaire, une valeur *double*, pour la surface de l'hypothénuse triangulaire une surface *quadruple* de la surface réelle, mais les longueurs linéaires de la diagonale et de l'hypothénuse ne changent pas ; elles restent égales à $R\sqrt{2}$.

D'autre part, les surfaces des différentes diagonales ou hypothénuses, resteront comparables entre elles, et nous n'aurons pour les rapports des droites, en surface, à nous préoccuper des valeurs réelles de ces surfaces, que nous pouvons toujours préciser si besoin est.

Le point intersection de OD, diagonale, droite triangulaire, avec AD, est donc égal au point intersection de la droite rectangulaire de même longueur OD = $R\sqrt{2}$ avec AD.

Dès lors, nous pouvons définir la dimension du point curviligne C de la courbe, commun au cercle et à la diagonale.

Les deux triangles semblables odd_1 et $oc'c_1$, nous donnent : $\dfrac{c'c_1}{dd_1} = \dfrac{R}{R\sqrt{2}}$; or $dd_1 = \sqrt{2}$, d'où $c'c_1 = \dfrac{R\sqrt{2}}{R\sqrt{2}} = 1$. Or, $c'c_1$, tangente au point de la courbe en son milieu $= c_1c_2$. Donc, $c_1c_2 = 1$.

Ce qui est vrai pour le point D, pour le point C, intersections des diagonales triangulaires OD et OC, avec les verticales AD et CC'D, est vrai pour tous les points de la droite AD, car nous savons que le point intersection de toutes les sécantes menées de O à AD, avec AD, est égal au point de la sécante. Or, toutes ces sécantes sont des hypothénuses et pour obtenir ces hypothénuses, en surface, *nous devons les transposer sur la direction OD*. C'est donc sur cette direction OD que nous mesurerons ces points intersection. Ce seront les points intersection d'une diagonale avec ses projections égales.

En effet, considérons un autre point F, de AD, tel que son ordonnée AF soit égale à $\dfrac{R\sqrt{2}}{2}$ (fig. 57). La

---

1 Nous désignons les diagonales hypothénuses et aussi leurs composantes par deux lettres, pour éviter la complexité du langage ; seulement quand nous devrons à comparer leurs surfaces nous les désignerons de manière plus complète.

longueur de l'hypothénuse OF, nous sera donnée dans le triangle OFA, en cherchant d'abord la surface de celle ci.

Nous poserons à cet effet : Surf. OF = surf. $\frac{R\sqrt{2}}{2}$ + surf. R.

$$\text{Or, surf. } \frac{R\sqrt{2}}{2} = \frac{R\sqrt{2}}{2} \times \frac{\sqrt{2}}{2} = \frac{R}{2}.$$

$$\text{Donc, surf. OF} = \frac{R}{2} + R = \frac{3R}{2}.$$

d'où longueur $OF = R\sqrt{\frac{3}{2}} = \frac{R\sqrt{3}\sqrt{2}}{2} = \frac{R\sqrt{6}}{2}$.

Pour construire cette hypothénuse, en surface, il nous faudra reporter longueur OF, le long de la direction de la diagonale OD, par un arc de cercle. Dès lors cette hypothénuse OF', pourra se dédoubler en deux coordonnées rectangulaires égales entre elles. Pour obtenir la valeur en surface de l'une de ces deux coordonnées, nous dirons :

$$\text{Surf. coordonnée} = \frac{\text{surf. hyp.}}{2} = \frac{\frac{3R}{2}}{2} = \frac{3R}{4},$$

d'où long. linéaire coord. ou composante $FF_2 = \frac{R\sqrt{3}}{2}$.

$\frac{R\sqrt{3}}{2}$ seront les composantes de l'hypothénuse $\frac{R\sqrt{6}}{2}$; le point de ces droites composantes sera $\frac{\sqrt{3}}{2} \times \frac{\sqrt{3}}{2} = \frac{3}{4}$. $\frac{3}{4}$ est le point élémentaire du triangle rectangle isocèle OFF_2, qui mesure la surface réelle du triangle AOF. Nous avons établi en effet, que le point élémentaire de la surface d'un triangle isocèle rectangle, est égal au point des composantes égales de la diagonale. Or, les composantes égales de OF = OF' = $\frac{R\sqrt{6}}{2}$, mesurée comme diagonale, sont égales à $\frac{R\sqrt{3}}{2}$, dont le point a pour surface $\frac{\sqrt{3}}{2} \times \frac{\sqrt{3}}{2} = \frac{3}{4}$.

D'autre part le point F' de la diagonale OF' = $\frac{R\sqrt{6}}{2}$ est égal à $\frac{\sqrt{6}}{2} \times \frac{\sqrt{6}}{2} = \frac{3}{2}$. Le point de l'hypothénuse moitié de cette diagonale, sera moitié du point de la diagonale de même longueur, soit : $\frac{3}{4}$.

$\frac{3}{4}$ est donc la valeur du point intersection de l'hypothénuse OF avec AD.

Nous remarquons que la valeur du point intersection de l'hypothénuse triangulaire OF avec AD, est égal au point de la composante *rectangulaire*, FF_2 de l'hypothénuse OF, transposée en OF'.

Si nous cherchons la valeur du point G, de la droite AD, située à la distance GA = $\frac{R}{2}$, de l'axe des abcisses, point intersection de AD avec l'hypothénuse OG, mesurée comme diagonale, nous trouverions $OG = \frac{R\sqrt{5}}{2}$, surf. = $\frac{5}{4}$ R. Le point G est donc égal à $\frac{5}{4}$. Si nous transposons OG sur OD, en OG_1, nous obtenons pour G_1, un point trapèze $\frac{5}{4}$ qui est également un point de la diagonale (fig. 57).

Les composantes de cette hypothénuse OG, seront $R\sqrt{\frac{5}{8}}$. Le point élémentaire des droites composantes, et du triangle isocèle rectangle qu'elles déterminent avec l'hypothénuse $\frac{R\sqrt{5}}{2}$, est égal à $\frac{5}{8}$. Par le même raisonnement que ci-dessus, nous établirions que le point intersection de OG avec AD est égal à $\frac{5}{8} = \frac{5}{4} : 2$.

De même nous pouvons transposer la droite triangulaire Oaa_1 en décrivant avec cette droite un arc de cercle. Elle viendra coïncider avec le rayon Oc_1c_2. Mais Oaa_1 appartient pour moitié de sa surface, au secteur OAC, et au carré $OADB$. Oc_1C sera le rayon transposé OAa, suivant OD, donc le point de ce rayon est égal à $\frac{1}{2}$.

Nous avons ainsi transposé tous les points de la droite AD sur la portion $Cc'D'd'$ de la diagonale OD. Par un raisonnement analogue, menant les sécantes de O, à tous les points de BD, nous transposerions tous les points de BD sur la portion $Cc_1D'd_1$ de diagonale OD. Par cette double opération, nous aurions transposé tous les points de AD et BD sur la portion CD' de la diagonale OD.

Mais si nous considérons les différents ∂ ainsi obtenus par les transpositions des sécantes menées de O à AD et BD, ce sont des lignes ff_1, gg_1 parallèles à dd_1, à $c'c'_1$. Or, ces lignes dd_1, ff_1, gg_1, $c'c'_1$, par suite de la forme triangulaire de la diagonale Odd_1, semblent être projetées par cette ligne sur le point axial O; leur dimension semble se réduire à cette trace, rencontre des directions axiales de deux diamètres perpendiculaires entre eux. Les dimensions de la ligne triangulaire Odd_1, vont grandissant de manière uniforme à mesure qu'on s'éloigne du point O, sur la direction OD. Nous appellerons *projections rayonnantes* ces projections $c'c'_1$, gg_1, ff_1, dd_1.

Et nous dirons que, transposer sur la diagonale OD, les différentes sécantes joignant le point O aux points de AD, ou le point O aux points de BD, *c'est construire la projection rayonnante des points des droites AD et BD*.

Par conséquent si au moyen des coordonnées rectangulaires, nous cherchons la valeur du ∂ des points de la courbe, ces coordonnées rectangulaires nous détermineront la dimension du point du rayon de la courbe, c'est-à-dire la base curviligne d'une droite triangulaire de longueur R, mais dont la surface réelle est $\frac{R}{2}$. Ce résultat restera conforme à celui obtenu pour les points des droites AD et DB, et de ce résultat nous savons la raison d'être et la signification.

En effet, avec ces données, cherchons la valeur du point C, de la courbe. Les coordonnées rectangulaires de ce point sont les composantes CC' et CC", de la droite OC, aboutissant à ce point; ces coordonnées sont l'une et l'autre égales à $\frac{R\sqrt{2}}{2}$ en longueur linéaire, à $\frac{R}{2}$ en surface. En effet, elles sont les composantes égales de l'hypothénuse de surface R; donc chacune d'elle a pour surface $\frac{R}{2}$ et pour longueur

$$\frac{R}{\sqrt{2}} = \frac{R\sqrt{2}}{2}.$$

Le ∂ du point C, du rayon, qui sera le ∂ du point de la courbe, puisqu'il sera tangent en son milieu, sera la diagonale construite sur les dimensions $\frac{\sqrt{2}}{2}$ du point intersection des deux coordonnées CC', et CC'' égales à $\frac{R\sqrt{2}}{2}$, en longueur linéaire, donc ∂ point C, s'obtient en posant $\left(\text{le } \partial \text{ du point de } \frac{R\sqrt{2}}{2} \text{ est } \frac{\sqrt{2}}{2}\right)$:

$$\partial : \frac{1}{2} + \frac{1}{2} = 1, \text{ ou } \partial^2 = \left(\frac{\sqrt{2}}{2}\right)' + \left(\frac{\sqrt{2}}{2}\right)' = \frac{2}{4} + \frac{2}{4} = \frac{4}{4} = 1.$$

Nota. — Voir le détail de ces constructions sur *la Planche en couleurs*.

Le point de la courbe est donc égal à 1, car $c'c'_1$, ∂, diagonale du point carré C = point curviligne c_1c_2.

Cherchons le ∂ du point E, de la courbe, en supposant que la hauteur de E, au-dessus de l'axe des abcisses, soit égale à $\frac{R}{2}$. $\frac{R}{2}$ est la composante verticale de l'hypothénuse OE = R, donc nous obtiendrons la deuxième composante, en faisant la différence, en surface, de la droite R, et de la droite $\frac{R}{2}$. La surface de R est : R, la surface de $\frac{R}{2}$ est : $\frac{R}{4}$, d'où :

$$\text{Surface droite } EE_1 = R - \frac{R}{4} \cdots \frac{3R}{4}.$$

$$\text{Long. linéaire } EE_1 = \frac{R\sqrt{3}}{2}.$$

Nota. — Voir le détail de ces constructions sur *la Planche en couleurs.*

Le point intersection E. de ces deux coordonnées qui est à la fois point du rayon OE. et point E. de la courbe. a pour δ l'hypothénuse construite sur les deux dimensions : $\frac{\sqrt{3}}{2}$, verticale et $\frac{1}{2}$. horizontale :

$$\text{d'où. } \delta^2_E = \frac{3}{4} + \frac{1}{4} = 1. \; \delta = 1.$$

C'est la valeur du point du rayon OE. quand nous transposons cette hypothénuse sur la direction OC.

Nous démontrerions de même que le point E_1. dont la distance à l'axe des abcisses est $\frac{R\sqrt{3}}{2}$. a pour dimension 1. car il est à la rencontre de deux coordonnées rectangulaires. l'une. ordonnée. $= \frac{R\sqrt{3}}{2}$. l'autre, abcisse $= \frac{R}{2}$ (1).

Il est inutile de répéter cette recherche pour tous les points de la courbe : elle nous donnerait un résultat identique. Il est aisé de s'en rendre compte, puisque. mesurant le point de la courbe. nous mesurons le point du rayon. Or, le rayon est une droite hypothénuse rectangulaire de surface constante. donc le point obtenu sera constant. Mais ce *point est de dimension double de son δ réel*, parce que *la droite R. rayon du cercle. est une droite triangulaire de surface* $\frac{R}{2}$, *assimilable à une droite triangulaire de longueur R, de* $\delta = \frac{1}{2}$.

Donc, nous avons acquis la notion que tous les points de la circonférence sont égaux à 1 (sous la réserve que 1 est une dimension double du δ réel du point, ce qui ne peut influencer le résultat de la discussion).

Cette notion étant acquise, la droite $\frac{R}{2}$ est bien la mesure élémentaire de la surface du cercle.

Nous avons donc déterminé le rayon du cercle en longueur et en surface. Nous avons mesuré le point élémentaire de la circonférence.

---

(1) Nous avons déterminé *algébriquement* la dimension du point de la circonférence. Nous déterminerons *graphiquement* ce point en construisant la circonférence par points (voir chap. XI).

(1) Note de l'Auteur. — Pour mettre en harmonie les lettres de la figure 57 et de *la Planche en couleurs*. remarquer que les lettres F'.F''.C'.C'' de la figure 57 sont respectivement les lettres F_1.F''.C'.C''. de *Planche en couleurs*.

CHAPITRE X

Objet : **Mesure de la droite extérieure au quart de la circonférence (1).**

Si $\frac{R}{2}$ est la mesure élémentaire de la surface du cercle, puisque 1 est le point de la circonférence, $\frac{R}{2}$ ne peut être la mesure élémentaire de la surface du carré (2).

Et, en effet, nous allons le démontrer. Pour que la surface du cercle soit mesurée par la surface $\frac{R}{2}$, il faut que nous mesurions tous les rayons dans *leur plan*, c'est-à-dire que le rayon ob_1 soit mesuré par $bb_1 \times OB$, le rayon OC par $cc_1 \times OC$, le rayon OA par $aa_1 \times OA$ (fig. 57).

Les traces des plans de comparaison par rapport auxquels nous mesurons ces surfaces $\frac{R}{2}$, rayons du cercle, portion de la surface du cercle, sont donc celles *de plans qui se transposent constamment* et les plans moyens ont pour traces : 1° la tangente au milieu du point curviligne du rayon, 2° la direction du rayon aboutissant à ce point c'est-à-dire cc', et OC (3).

Telle est la conséquence *géométrique* qui ressort de cette mesure du rayon du cercle.

Si donc nous voulons comparer les droites de décomposition de la surface du carré, aux droites de décomposition de la surface du cercle, les droites de *décomposition du carré doivent être mesurées dans des plans de projection transposés, parallèles aux plans de projection du rayon Occ'.*

Si le point du rayon *est égal à* 1, il est bien évident que les directions prolongées, qui limitent ce rayon, intercepteront sur les côtés AD et BD du carré des points *supérieurs à* 1. La dimension de ces points, nous pourrions la définir point par point. Mais ce qui reste constant, c'est que ce nombre de points de *valeur variable*, sera égal, pour BD, au nombre de points égaux à 1 contenus dans arc BC, et, pour AD, au nombre de points égaux à 1, contenus dans arc CA. Or, comme ces droites et ces arcs sont symétriques par rapport à la direction OD, il nous suffira de chercher le rapport des points contenus dans l'arc et la droite correspondante. Nous comparerons donc arc AC et droite AD. Il nous suffira ensuite de doubler le résultat pour avoir comparé arc ACB et la ligne brisée ADB.

Autrement dit en constatant que le point de la courbe est égal à 1, la droite $\frac{R}{2}$ est le rayon du cercle, elle n'est plus la mesure élémentaire du carré. Les sécantes menées du point O. telles qu'elles interceptent sur la circonférence un point égal à 1, intercepteront sur AD et BD un point plus grand que 1. *Nous avons donc modifié notre point unité de mesure, il n'est plus le point unité des droites AD et BD considérées comme verticales isolées ; IL EST LE POINT DE LA CIRCONFÉRENCE ; et pour obtenir la valeur constante de ce point de la courbe, il nous faut modifier, pour chaque rayon, les plans par rapport auxquels nous mesurons le ° de son point.*

Donc. pour trouver sur AD le point intersection de la sécante du carré, prolongement de la sécante $\frac{R}{2}$ du cercle. nous devrons mesurer le point de la sécante sur AD. *dans les plans où nous mesurons le point du rayon correspondant.* Autrement dit nous devons chercher *dans les mêmes plans, la valeur du point de la sécante du carré, correspondante au point 1 de la sécante du cercle.*

(1) Voir détail des matières à la table.
(2) Voir ci-dessus page 84.
(3) Puisque nous mesurons toutes les hypothénuses, en les transposant sur la direction de la diagonale OD.

Si nous connaissions le nombre de points égaux à 1 contenus dans arc AC, nous pourrions connaître le nombre des sécantes de triangle AOD; ce nombre serait égal au nombre des surfaces $\frac{R}{2}$ de décomposition du secteur AOC. Il nous suffirait alors de diviser la surface du secteur, en ce nombre connu de surfaces $\frac{R}{2}$, en les prolongeant jusqu'à AD, nous obtiendrions sur la direction AD les points intersection des sécantes du triangle. Nous pourrions dès lors mesurer la valeur de chacun de ces points intersection, car nous savons les mesurer. Ces points sont des intersections d'hypothénuses menées de O à AD; il nous suffira pour obtenir *leur valeur réelle*, de transposer ces différentes hypothénuses sur la direction OD. Nous obtiendrons ainsi la valeur du point de ces hypothénuses, *qui sera le 2 du point intersection des sécantes menées de O à AD, telles qu'elles interceptent sur la circonférence un point égal à 1.*

Or, le point ainsi obtenu serait le point de *la diagonale, point de valeur double*; nous pourrions dédoubler cette diagonale en ses composantes, et obtenir les deux composantes égales de cette diagonale, qui nous donneraient la valeur véritable du point de cette hypothénuse. Examinons le résultat que nous obtiendrions par cette construction.

Mais avant d'aborder la mesure des points de AD, nous reviendrons, pour la préciser, sur la mesure d'une hypothénuse triangulaire.

Si dans la figure 57, nous examinons la ligne triangulaire Odd_1 elle est la diagonale triangulaire du carré OADB. Sa longueur est $R\sqrt{2}$, mais sa surface est :

$$\frac{dd_1 \times OD}{2} = \frac{\sqrt{2} \times R\sqrt{2}}{2} = R.$$

Sa surface est donc *moitié, de celle de la droite quadrangulaire* de même longueur.

Sa surface est donc égale à celle de l'hypothénuse *quadrangulaire*, de chacun des triangles égaux OAD et OBD, en lesquels par la direction OD, nous décomposons la surface du carré OADB.

Cependant cette diagonale triangulaire est décomposable, comme la diagonale quadrangulaire de surface 2R, en deux composantes égales AD et BD, c'est-à-dire que ces composantes sont les coordonnées rectangulaires qui détermineront le point D de son extrémité, point égal à 2 en surface.

En réalité, cette diagonale Odd_1 est formée de deux hypothénuses triangulaires OdD, et ODd_1, appartenant aux triangles OAD et ODB et chacune d'elles est égale à $dD \times OD$. Or, $dD = \frac{\sqrt{2}}{2}$, $OD = \frac{R\sqrt{2}}{2}$.

$$\text{Donc, surf. ligne hypothénuse } OdD = \frac{\sqrt{2}}{4} \times \frac{R\sqrt{2}}{3} = \frac{R}{2}.$$

Les points $dD'd''$, $D'd'_1D''d''_1$, de chacune de ces hypothénuses sont égaux à $\frac{\sqrt{2}}{2} \times \sqrt{2} = 1$. C'est sur chacune de ces hypothénuses la mesure du point D, appartenant à la fois aux droites AD et DB *exprimé en fonction de sa projection rayonnante* $\frac{\sqrt{2}}{2}$.

Le point C de la courbe, est lui-même l'extrémité de la diagonale triangulaire du carré construit sur la diagonale OC, de longueur R, dont les composantes égales sont $\frac{R\sqrt{2}}{2}$. Le rayon diagonale Oc_1c_1 est la somme des demi rayons transposés OBb_1 et OAa égaux l'un et l'autre à $\frac{1}{2\times2} \times R = \frac{R}{4}$ en surface, leur somme en effet, est égale à : $\frac{R}{2}$, surf. de Oc_1c_1.

Donc, si nous dédoublons ces diagonales en hypothénuses, hypothénuse triangulaire OdD de triangle OAD, égale en surface à $\frac{\sqrt{2}}{2} \cdot \frac{R\sqrt{2}}{2} = \frac{R}{2}$; correspond dans la surface OdD au demi rayon Oe_1C dont la surface est $\frac{R}{4}$. Le point extrémité de OdD, égal au point de l'hypothénuse quadrangulaire, de même longueur, par conséquent égal à 1 sera donc comparé au point de Oe_1C du rayon, égal en surface à $\frac{R}{4}$; le rayon a pour longueur sur la demie circonférence AC, un point égal à $\frac{1}{2}$, car, $e'C = \frac{1}{2}$.

Or, toutes les sécantes menées de O à AD, sécantes qui décomposent la surface de triangle AOD, seront des hypothénuses ; lorsque nous les transposerons, *après les avoir d'abord mesurées comme diagonales, sur la direction OD*, elles se superposeront dans la surface OdD, c'est-à-dire que nous comparerons leur point au point $\frac{1}{2}$ du rayon. *Planche en couleurs*).

Le problème est donc : *chercher la valeur des différentes sécantes menées de O à AD, telles qu'elles interceptent sur arc AC un point égal à $\frac{1}{2}$.*

Si nous menons de O, une sécante au point F, de AD, tel que $AF = \frac{R\sqrt{2}}{2}$, la sécante OF est l'hypothénuse du triangle rectangle OFA ; le point F appartenant à l'hypothénuse OF, *droite quadrangulaire* de longueur $\frac{R\sqrt{6}}{2}$, aurait pour surface $\frac{3}{2}$ *Planche en couleurs*). Si, pour la mesurer, nous transposons cette droite sur OD en OF_1, nous trouvons, $\mathcal{O}_1 \frac{\sqrt{6}}{2}$ pour projection rayonnante du point F_1, dont la surface est $\sqrt{6} \times \frac{\sqrt{6}}{2} = \frac{3}{2}$. Mais cette surface, *qui est la surface du point d'une diagonale, est la valeur double de sa valeur réelle*. Cette valeur est donc $\frac{3}{4}$ et nous constatons que $\frac{3}{4}$ est le point extrémité de l'hypothénuse triangulaire OfF_1, car la surface de ce point, exprimée en fonction de sa projection rayonnante est $\frac{\sqrt{6}}{2 \times 2} \times \frac{\sqrt{6}}{2} = \frac{3}{4}$.

Or, $\frac{3}{4}$ est également la surface du point élémentaire des deux droites rectangulaires F_1F_2 et F_1F_3, projections égales de OF_1, car ces deux coordonnées qui, par leur rencontre, détermineront le point F_1 de la diagonale triangulaire OfF_1, ont pour longueur linéaire $\frac{R\sqrt{3}}{2}$, pour surface $\frac{3R}{4}$.

Donc, la valeur réelle du point intersection de la sécante triangulaire OF avec AD est un point égal en surface à $\frac{3}{4}$. Il en est de même du point F' de BD tel que $F'B = \frac{R\sqrt{2}}{2}$. La somme des points *transposés* F et F' sur la direction OD est égale à $\frac{3}{2}$, soit $\frac{3}{4} \times 2$.

Si nous cherchons la surface de l'hypothénuse triangulaire ofF_1, de triangle AOF, portion de la surf. AOD, elle est $\frac{\sqrt{6}}{2} \cdot \frac{R\sqrt{6}}{2} = \frac{3R}{8}$. C'est la surface de cette hypothénuse transposée que nous comparerons à rayon $Oe'C$ de surface $\frac{R}{4}$.

OF_1f_1 est égale aussi à $\frac{3R}{8}$ en surface. Elle est l'hypothénuse du triangle OBF', portion de la surface du triangle OBD. La somme de ces deux hypothénuses est la surface OfF, égale à $\frac{3R}{8} \times 2 = \frac{3R}{4}$. C'est la surface de cette diagonale triangulaire que nous comparerons à surface $Oe'e'_1 = \frac{R}{2}$, rayon du cercle dont le point est égal à 1. Donc, nous pouvons comparer les surfaces des hypothénuses des deux triangles, pris isolément à celle du rayon $\frac{R}{4}$, c'est à dire comparer au point $\frac{1}{2}$ de la courbe, les points intersection des sécantes menées à AD par exemple.

Donc, par analogie à ce que nous avons dit pour l'hypothénuse OdD, nous dirons que le problème à résoudre est de chercher la valeur des points des sécantes menées de O à AD, telles qu'elles interceptent sur la circonférence un point égal à $\frac{1}{2}$. En doublant le résultat nous obtiendrons la valeur du point des sécantes menées aux droites AD et DB telles qu'elles interceptent sur la circonférence un point égal à 1.

Nous ferions le même raisonnement pour les points de toutes les sécantes que nous pourrions mener de O aux droites AD et DB. La somme des points de ces sécantes transposés sur direction OD, donnerait un des points de la diagonale Odd.

De ces constructions se dégage un résultat qui est : *Lorsque l'on mesure les droites AD et BD, non comme des verticales isolées mais comme des droites dépendantes de la surface du cercle, c'est à dire lorsqu'on veut exprimer la distance réelle de tous leurs points au point O, en faisant leur projection rayonnante, les droites AD et BD ne sont plus des droites uniformes et rectangulaires, elles sont seulement,* **des directions** *sur lesquelles se superposent des droites de longueur et de surface variables telles* R, $\frac{R\sqrt{2}}{2}$, $\frac{R}{2}$, etc. (1).

Donc on peut concevoir, que sur ces directions ou sur des directions parallèles, on puisse déterminer des droites rectangulaires *dont tous les points aient la même valeur*, c'est-à dire la valeur du point moyen des différentes droites superposées sur OdD.

Pour permettre de bien saisir cette opération, il suffit de se rendre compte que chacune de ces sécantes de triangle AOD est l'hypothénuse d'un triangle rectangle, *isocèle* pour l'hypothénuse OD, mais *quelconque* pour toutes les autres ; triangle qui se réduit au rayon OAa à la limite, c'est à dire quand la sécante du triangle se confond avec la direction OA, rayon du cercle.

Or, les surfaces *réelles* de ces triangles *quelconques*, se mesurent par la surface du triangle isocèle rectangle construit sur leur hypothénuse, triangle isocèle rectangle que nous obtenons en transposant l'hypothénuse du triangle rectangle quelconque sur la direction OD, et en construisant les projections égales de cette hypothénuse.

Au moyen des sécantes menées de O à AD, nous pouvons donc mesurer les surfaces réelles des triangles quelconques que ces sécantes déterminent. Or, ces surfaces s'étendent depuis celle du triangle isocèle rectangle des côtés de l'angle droit OA et AD égaux à R, jusqu'au triangle limite qui est OAa. Les surfaces de ces triangles seront entre elles comme les surfaces des points élémentaires des droites homologues, dans les triangles isocèles rectangles qui les mesurent ; les longueurs linéaires de leurs côtés homologues, seront entre elles comme le ∂ de leur point élémentaire, dans ces mêmes triangles.

Nous pouvons donc trouver la surface moyenne du point élémentaire du triangle isocèle rectangle moyen, c'est-à-dire celui qui représente la surface moyenne déterminée par les sécantes menées de O à AD.

Or, le point moyen du triangle isocèle rectangle OAD est 1, celui du triangle OAa est $\frac{1}{2}$, puisque le rayon OAa transposé suivant Oc'C ne change pas de valeur, la surface du point élémentaire de la surface moyenne

sera donc $\dfrac{1 + \frac{1}{2}}{2} = \dfrac{3}{4}$ et la longueur linéaire correspondante à ce point moyen sera $\dfrac{\sqrt{3}}{2}$.

La longueur du côté de l'angle droit du triangle isocèle rectangle de surface moyenne sera donc $\dfrac{R\sqrt{3}}{2}$, sa surface sera $\dfrac{3R^2}{4 \times 2}\left(\dfrac{R\sqrt{3}}{2} \times \dfrac{R\sqrt{3}}{4}\right) = \dfrac{3R^2}{8} = R \times \dfrac{3R}{8}$.

(1) La *Planche en couleurs* montre très clairement la superposition des droites R, $\dfrac{R\sqrt{3}}{2}$, $\dfrac{R\sqrt{2}}{2}$, $\dfrac{R}{2}$ en longueur linéaire.

Or, nous avons vu que la surface $\frac{3}{4}$ est celle du point extrémité de l'hypothénuse OfF_2 de surface $\frac{3R}{8}$, hypothénuse dont les composantes égales sont $\frac{R\sqrt{3}}{2}$.

La droite OfF_1 égale en surface à $\frac{3R}{8}$, sera donc la surface moyenne des sécantes menées de O à AD telles qu'elles interceptent sur la circonférence un point égal à $\frac{1}{2}$.

Cette droite sera la mesure élémentaire du triangle de surface moyenne, si le point élémentaire de cette sécante est en même temps le point élémentaire de la surface du triangle. Or, le triangle correspondant à l'hypothénuse OfF_2 est le triangle isocèle rectangle dont les côtés de l'angle droit sont les composantes égales de cette hypothénuse, c'est à dire les droites F_1F_2 et OF_2 égales à $\frac{R\sqrt{3}}{2}$. La surface de ce triangle est :

$$\frac{R\sqrt{3}}{2} \cdot \frac{R\sqrt{3}}{4} = \frac{3R^2}{8}.$$

Le point élémentaire de la surface est $\frac{3}{8}$. Or, $\frac{3}{8}$ est la valeur du point élémentaire de $OfF_1 = \frac{3R}{8}$.

Donc, OfF_1 est bien la droite élémentaire qui mesure surface triangle OF_1F_2. Nous pouvons donc comparer cette surface à la surface de rayon $Oe_1C = \frac{R}{4}$, mesure élémentaire du secteur OAC. Le rapport de ces deux surfaces est : $\dfrac{\frac{3R}{8}}{\frac{R}{4}} = \frac{3}{2}$.

Sur ce résultat qu'il y a lieu de retenir, nous reviendrons ci après.

Lorsque les sécantes menées de O à AD interceptent sur la circonférence un point égal à $\frac{1}{2}$, la valeur du point moyen des sécantes a pour surface $\frac{3}{4}$. Le 2 de ce point est $\frac{\sqrt{3}}{2}$. Ce point est le point intersection de la sécante moyenne avec AD. Or, cette sécante moyenne est une hypothénuse, donc son point intersection avec AD, qui est le même que celui de la droite hypothénuse rectangulaire de même longueur, est égal au point de la composante. Car, surface point diagonale = 2 surfaces points composantes égales. D'où surface point hypothénuse = 2 surfaces $\frac{1}{2}$ point des composantes = surface point des composantes.

Donc, le point intersection de la sécante moyenne est égal au point de sa composante.

Donc, la verticale, côté du triangle de surface moyenne, correspondant à la sécante moyenne, a pour point élémentaire un point de surface $\frac{3}{4}$, dont le 2 est $\frac{\sqrt{3}}{2}$. Et nous vérifions ainsi à nouveau que le triangle mesuré par toutes les sécantes menées de O à AD est le triangle F_1OF_2, dont les côtés de l'angle droit ont pour valeur $\frac{R\sqrt{3}}{2}$.

$F_1F_2 \frac{R\sqrt{3}}{2}$ mesure donc la longueur de AD, quand on mesure AD, *non comme une verticale isolée, mais comme une droite dépendante du cercle, c'est à dire quand on mesure la distance de tous ses points au centre du cercle.*

Or, nous avons mesuré ainsi la droite AD, parce que le point du cercle étant pris pour unité, il nous a fallu mesurer les droites de d'composition de la surface de triangle AOD, dans les mêmes plans que le rayon du cercle, et, grâce à la notion de la projection rayonnante, nous avons transposé toutes ces droites de décomposition sur la direction OD.

$\frac{R\sqrt{3}}{2}$ est donc la dimension réelle de AD, la dimension de son point est $\frac{\sqrt{3}}{2}$. Autrement dit quand *les sécantes menées de O à AD interceptent sur la circonférence un point égal à* $\frac{1}{2}$, *elles interceptent sur AD un point moyen de* $\delta = \frac{\sqrt{3}}{2}$, ET LE NOMBRE DE CES SÉCANTES EST ÉGAL A R. Car, la sécante moyenne a pour surface $\frac{3R}{8}$: il y a R de ces sécantes moyennes dans $\frac{3R^2}{8} = R \times \frac{3R}{8}$ surface de triangle OFF_2.

Donc, si nous ne savons pas le nombre de points de $\delta = \frac{1}{2}$ contenus dans arc AC, nous savons que la longueur réelle de la droite AD est $\frac{R\sqrt{3}}{2}$; elle est formée de R points de $\delta = \frac{\sqrt{3}}{2}$.

Quand donc nous aurons mesuré de même la droite BD, nous saurons que le nombre des sécantes menées à AD et BD, telles qu'elles interceptent sur la circonférence un point égal à $\frac{1}{2}$, est égal à 2R, et que le δ de ces sécantes est $\frac{\sqrt{3}}{2}$. La somme AD + BD $= \frac{2R\sqrt{3}}{2} = R\sqrt{3}$. Et nous concluons que lorsque les sécantes menées de O à tous les points des côtés du carré AD et DB, interceptent sur la circonférence *un point égal à 1*, la longueur correspondante *de la somme des longueurs AD + BD est égale à R$\sqrt{3}$.*

R$\sqrt{3}$ doit donc être substituée à la ligne enveloppante AD + DB $= 2R$.

Or, il est aisé de se rendre compte, que R$\sqrt{3}$ est plus grande que arc ACB, car $\frac{\sqrt{3}}{2} > \frac{1}{2}$, $\sqrt{3} > 1$.

Mais si le rapport de F_1F_2 à arc AC est : $\dfrac{\frac{\sqrt{3}}{2}}{\frac{1}{2}} = \sqrt{3}$, le rapport des surfaces de triangle OFF_2 à secteur OAC, est celui des surfaces sécantes moyennes, ofF_1 et oc'C : $\dfrac{\frac{3R}{8}}{\frac{R}{4}} = \frac{3}{2}$. Ce rapport ne change pas, si nous considérons les diagonales doubles des hypothénuses Off_1 et Oc'c', $= \dfrac{\frac{3R}{4}}{\frac{R}{2}} = \frac{3}{2}$ qui représente le rapport de carré OF$_1$F$_2$ à quart de cercle OACB. Ce résultat est d'une importance capitale car il nous permettra de vérifier dans la suite la longueur de la circonférence, telle que nous allons la déterminer au chapitre suivant.

Donc, *la longueur du quart de la circonférence est comprise entre deux longueurs* R$\sqrt{3}$ *et* R$\sqrt{2}$.

Mais, par analogie avec les arguments géométriques que nous avons développés pour établir que R$\sqrt{3}$ est la longueur linéaire réelle de la droite extérieure à la circonférence, il nous faudra démontrer que, *lorsque les sécantes menées de O à tous les points de la courbe, telles qu'elles interceptent sur la circonférence un point égal à 1, interceptent sur AB $= R\sqrt{2}$, un point moyen dont le $\delta = \sqrt{2}$. C'est-à-dire que $\sqrt{2}$ est le point de la sécante moyenne menée à AB, point mesuré dans les plans du rayon moyen Oc'c' $= Oc_1c_2$.*

Alors, seulement, nous aurons définitivement établi que les deux longueurs R$\sqrt{3}$ et R$\sqrt{2}$, sont, l'une plus grande, l'autre plus petite, que arc ACB et que, liées elles mêmes à la longueur de l'arc, elles peuvent servir à le mesurer, quand ces deux longueurs et longueur arc ACB *seront mesurées non plus dans le plan de comparaison du rayon moyen Oe,e, du cercle, mais dans les plans OA et OB, qui sont les plans dans lesquels nous avons mesuré les longueurs des côtés du carré AD et DB.*

Alors, nous démontrerons que, mesurée dans ces plans, longueur arc ACB est également distante de longueur linéaire $R\sqrt{3}$, et de longueur linéaire $R\sqrt{2}$. D'où nous conclurons :

$$\text{long. linéaire arc ACB} = \frac{R\sqrt{3} + R\sqrt{2}}{2}.$$

Mais avant d'aborder cette dernière partie du problème, qui doit nous permettre de mesurer la longueur *finie* de la circonférence, nous allons montrer que la substitution de la droite $\frac{R\sqrt{3}}{2}$, à la longueur AD = R, se légitime par des conséquences du plus haut intérêt, conséquences que nulle théorie antérieure n'a pu faire entrevoir.

Pour obtenir $\frac{R\sqrt{3}}{2}$, nous avons transposé tous les points intersection des sécantes menées de O à AD, c'est à dire que nous avons fait la projection rayonnante de chacun de ces points, projection qui nous a permis de déterminer sur Odd, la surface réelle de chacun de ces points intersection. Sur la ligne surface triangulaire Odd, et dans le trapèze dd,e'e',, sont donc localisés tous les points transposés non seulement de AD mais de DB (*Planche en couleurs*).

Car, par exemple, le point F intersection de OF avec AD transposé en F, a pour projection rayonnante Of, $\frac{\sqrt{6}}{2}$. La valeur du point F, est en surface $\frac{\sqrt{6}}{2} \times \frac{\sqrt{6}}{2} = \frac{3}{2}$. Ce point est double de sa valeur réelle, puisque OF est une hypothénuse. Donc, la valeur réelle de F est $\frac{3}{4}$, de $o = \frac{\sqrt{3}}{2}$, quand le point de la courbe est $\frac{1}{2}$.

Il en est de même du point correspondant F' sur BD. Donc, le point de centre axial F, est le siège des points égaux à $\frac{3}{4}$, des points F et F', de AD et DB transposés.

Donc, trapèze dd,e'e', (1) représente, *en surface*, la somme des points transposés des droites AD et DB, quand nous mesurons ces points dans les plans où nous mesurons la sécante rayon, c'est à-dire quand nous faisons la projection rayonnante de ces points. Avec les points de la surface du trapèze dd,e'e', ; avec les composantes des différentes diagonales superposées sur la direction Odd, nous allons construire *par points* la circonférence.

---

(1) Nous remarquons que la ligne trapèze dd,e'e', qui représente la surface *de tous les points transposés de AD et DB*, est limitée par deux points : le point d est égal à 1, le point D est égal à 2. Le point moyen de cette surface est donc $\frac{1+2}{2} = \frac{3}{2}$. Le point $\frac{3}{2}$ appartient pour moitié à chacune des droites AD et DB. Donc, le point moyen de AD est égal à $\frac{3}{4}$ comme celui de DB. Donc, la surface réelle des droites AD et DB est égale à $\frac{3R}{4}$, leur longueur linéaire est égale à $\frac{R\sqrt{3}}{2}$. Et nous vérifions ainsi à nouveau la proposition démontrée ci-dessus.

CHAPITRE XI

Objet : **Construction par points de la circonférence** [1].

Au moyen de points ainsi transposés sur surface trapèze $dd_1c'c'_1$, nous allons construire par points la circonférence (*Planche en couleurs*).

Nous dédoublerons la diagonale triangulaire, comme nous avons dédoublé la diagonale rectangulaire.

Si nous dédoublons la diagonale OD en ses composantes, nous dirons : surf. OD $= 2$R composantes égales ont pour longueur, R, pour surface : R. Ces deux composantes R. déterminent par leur rencontre avec OA et OB, qui sont les traces des plans de comparaison, les deux points A et B de la courbe points de $\partial = 1$, de surface $= 1$, égaux aux points intersection des droites DA et DB $= $R, avec OA et OB $= $R. Nous avons ainsi déterminé les points A et B de la circonférence communs au cercle et au carré.

Prenons la diagonale $\frac{R\sqrt{6}}{2}$. Nous la décomposerons par la même méthode en deux composantes égales de longueur : $\frac{R\sqrt{3}}{2}$, qui ont pour surface $\frac{3R}{4}$. Construisons au moyen du point de $\partial = \frac{\sqrt{6}}{2}$, qui est le ∂ du point trapèze extrémité de la diagonale $\frac{R\sqrt{6}}{2}$, chacune des lignes $\frac{R\sqrt{3}}{2}$ en longueur. La ligne $ff_1 = \frac{\sqrt{6}}{2}$, du point de surface $\frac{3}{2}$, est une ligne également inclinée sur ses deux projections, puisque cette ligne est perpendiculaire à OD, qui est la diagonale du carré OADB. Il nous suffira donc, pour déterminer la longueur linéaire de ces projections, de mener par les points f et f_1, deux plans perpendiculaires entre eux. Ces plans se coupent au point f_2.

De même la deuxième dimension $f_2f_3 = \frac{\sqrt{6}}{2}$, est une ligne, inclinée également par rapport aux plans de projection, nous obtiendrons ses projections égales, en menant par les extrémités f_2 et f_3 deux plans perpendiculaires entre eux, qui se coupent au point f. Nous obtenons ainsi un point carré f_2f_3ff, dont le côté est $\frac{\sqrt{3}}{2}$, dont la surface est $\frac{3}{4}$. En prolongeant les directions parallèles f_2f_3 et ff, jusqu'à leur rencontre avec OB, nous obtenons dans la ligne f_2f_3ff, la droite de longueur linéaire $\frac{R\sqrt{3}}{2}$, de surface $\frac{3R}{4}$, longueur $\frac{R\sqrt{3}}{2}$, comptée à partir du centre axial F₀, c'est la composante horizontale de $\frac{R\sqrt{6}}{2}$. L'autre composante s'obtiendra en prolongeant les directions f_2f_3 et f_2f_3 jusqu'à la rencontre avec OA. La droite f_2f_3ff, sera la composante verticale de $\frac{R\sqrt{6}}{2}$; elle est en longueur linéaire $\frac{R\sqrt{3}}{2}$, de surface $\frac{3R}{4}$, longueur $\frac{R\sqrt{3}}{2}$ comptée à partir du centre axial F₀.

Ces deux droites intérieures, aux droites AD et DB dans la surface de carré OADB, vont rencontrer la circonférence chacune en un point.

---

[1] Voir détail des matières à la table.

À quelle distance, ce point de la courbe, est-il de l'axe des abcisses sur F_1F_4, de l'axe des ordonnées sur F_2F_3? Il nous suffit pour le définir, de poser que la surface du rayon aboutissant à ce point de la courbe est égale à la somme de ses composantes. Or, le point E_3 de la courbe sera sur la droite F_1F_4, par conséquent à une hauteur égale à $\dfrac{R\sqrt{3}}{2}$ de l'axe des abcisses. De même le point E sera à une distance $\dfrac{R\sqrt{3}}{2}$ de l'axe des ordonnées; donc nous obtiendrons la deuxième coordonnée x du point E, en posant:

$$\text{Surf. } R = \frac{3R}{4} + \text{surf. } x, \text{ d'où nous tirons surf. } x = \frac{R}{4}.$$

la droite de surface $\dfrac{R}{4}$, a pour longueur linéaire $\dfrac{R}{2}$; le δ de son point est $\dfrac{1}{2}$.

Pour construire cette droite, nous prendrons sur F_1F_4, à partir de F_4, une longueur égale à $\dfrac{R}{2}$; nous déterminerons ainsi le centre axial du point E de la courbe. Prenant de part et d'autre de ce point, sur la direction F_2F_3, une longueur égale à $\dfrac{\sqrt{3}}{4}$, nous obtiendrons l'horizontale $\dfrac{R\sqrt{3}}{2}$, en menant par les points obtenus des parallèles à OA, ee_1e_2 sera la droite rectangulaire de longueur $\dfrac{R\sqrt{3}}{2}$.

De part et d'autre de F_4 sur OA nous prendrons une longueur linéaire égale à $\dfrac{1}{4}$; soient e_1e_3 ces points. Nous mènerons par e_1 et e_3 des parallèles à F_4F_1, prolongées jusqu'à hauteur du point E, de $\dfrac{R\sqrt{3}}{2}$. Ces lignes nous détermineront le rectangle $e_1e_2e_3e$, qui est la droite rectangulaire de surf. $\dfrac{R}{4}$, de longueur $\dfrac{R}{2}$ (*Planche en couleurs*).

Les deux droites $\dfrac{R\sqrt{3}}{2}$ et $\dfrac{R}{2}$ se coupent. Cette intersection est le rectangle $gg'g''g'''$, dont les dimensions sont $gg' = \dfrac{1}{2}$, suivant l'axe des abcisses, $g'g'' = \dfrac{\sqrt{3}}{2}$, suivant l'axe des ordonnées. Le δ du point du rayon aboutissant au point E sera la diagonale du rectangle $gg'g''g'''$, laquelle est en longueur linéaire égale à 1: $\dfrac{1}{4} + \dfrac{3}{4} = \dfrac{4}{4} = 1$. Or, ce δ est celui du point de la courbe.

Nous répéterions ce raisonnement pour le point E_4 nous obtiendrions un autre point de la **courbe** égal à 1.

Nous appliquerions le même raisonnement au dédoublement de l'hypothénuse OG, de longueur linéaire $\dfrac{R\sqrt{5}}{2}$. Ses composantes rectangulaires seraient $\dfrac{5R}{8}$ en surface, $R\sqrt{\dfrac{5}{8}}$ en longueur linéaire. Elles détermineraient deux nouveaux points de la courbe égaux à 1, par leur rencontre avec deux droites de longueur $\dfrac{R\sqrt{6}}{4}$, de surface $\dfrac{3R}{8}$, car $\dfrac{5}{8} + \dfrac{6}{16} = \dfrac{10 + 6}{16} = 1$.

Enfin, nous obtiendrions le δ du point C par la rencontre des deux composantes égales de R, lesquelles sont $\dfrac{R\sqrt{2}}{2}$. La construction de ces deux droites étant faite, elles se coupent, et leur point intersection a pour dimensions dans les deux plans $\dfrac{\sqrt{2}}{2}$: la diagonale de ce point est égale à 1, $\dfrac{1}{2} + \dfrac{1}{2} = \dfrac{2}{2} = 1$.

Grâce à la notion de la **ligne surface**, *la « Théorie du point » nous permet donc la* **construction graphique** *de la* **circonférence**.

Ce résultat est des plus intéressant, puisqu'il démontre, que dès que la ligne n'est plus une abstraction, les constructions géométriques acquièrent une valeur pratique que l'on chercherait en vain à atteindre par les procédés de la géométrie orthodoxe.

Mais nous devons tirer de cette construction géométrique de la circonférence, d'autres enseignements que nous aurons à mettre en usage.

Si, par exemple, de chaque côté du point axial F_1, nous prenons sur OB deux longueurs égales à $\frac{1}{2}$, que nous menions par les points r et r' ainsi déterminés, deux directions parallèles à OA, jusqu'à la rencontre de AD, nous déterminerons la ligne R, en longueur et surface.

Dans cette sorte de *gaine*, *rectangle* de longueur R, de surface R, nous trouvons une autre ligne *surface* qui est le rectangle de longueur $\frac{R\sqrt{3}}{2}$ (F_3F_1), une autre ligne surface encore, le rectangle de longueur $\frac{R}{2}$ (F_3E_2).

Or, si nous faisons, comme la géométrie orthodoxe, les différences des longueurs linéaires de ces droites, nous trouvons :

$$R - \frac{R\sqrt{3}}{2},$$ longueur imprécise qui ne peut être représentée par une valeur algébrique ;

$$R - \frac{R}{2} = \frac{R}{2}.$$

Or, faisons, au contraire, la différence des surfaces de ces mêmes lignes, *ce qui est la vérité géométrique*, *puisque la ligne est une surface*.

$$R - \frac{3R}{4} = \frac{R}{4}$$ correspondant à long. linéaire $\frac{R}{2}$.

$$R - \frac{R}{4} = \frac{3R}{4}$$ correspondant à une long. linéaire $\frac{R\sqrt{3}}{2}$.

C'est-à dire que la somme des surfaces de ces deux lignes est égale au rayon R ligne rectangulaire, $\frac{R}{4} + \frac{3R}{4} = R$.

De même pris en longueur linéaire, FC — CC = R — $\frac{R\sqrt{2}}{2}$, valeur imprécise algébriquement. Faisons la différence des surfaces.

$$R - \frac{R}{2} = \frac{R}{2}\,(1).$$

Alors donc, que la valeur algébrique des droites considérées, ne nous donnait que des valeurs imprécises, la construction géométrique de ces mêmes droites, nous apporte des enseignements très clairs et précis dont nous tirerons profit. *Nous pourrons, en comparant les surfaces des lignes que nous aurons à mesurer, déduire les longueurs linéaires réelles correspondantes à ces comparaisons.*

---

(1) La *Planche en couleurs*, où ces différentes lignes surfaces sont en couleurs, c.-à-d. surface droite R, *rouge*, ligne $\frac{R\sqrt{3}}{2}$, *violet*, ligne $\frac{R\sqrt{2}}{2}$, *jaune*, ligne $\frac{R}{2}$, permet de comparer clairement les différentes lignes surfaces.

CHAPITRE XII

Objet : **Détermination de la longueur de la circonférence** (1).

Nous avons démontré, et il est acquis que la longueur rectifiée de l'arc ACB, est comprise entre deux longueurs linéaires $R\sqrt{3}$ et $R\sqrt{2}$, la première enveloppante, c'est-à-dire plus grande que arc ACB ; la deuxième plus petite, c'est à dire enveloppée par arc ACB. (*Planche en couleurs*).

Or, comme nous avons démontré ci-dessus (pages 85 et 86), que le point curviligne de la circonférence peut être mesuré par une ligne droite, l'arc ACB peut être mesuré par une ligne droite.

Il nous faudrait pour mesurer arc ACB, démontrer que longueur linéaire arc ACB, est également éloignée de $R\sqrt{3}$ et de $R\sqrt{2}$, et nous pourrions écrire arc $ACB = \dfrac{R\sqrt{3} + R\sqrt{2}}{2}$.

Or, il nous est difficile de comparer ces trois longueurs, car $R\sqrt{2}$, étant la plus grande corde du quart le cercle, $R\sqrt{3}$ ne peut être dans le plan du quart de cercle. Nous obtiendrons le même résultat, en comparant $R\sqrt{3}$, $\dfrac{R\sqrt{2}}{2}$, et arc AC.

Nous avons trouvé que AD, était égal en réalité à $\dfrac{R\sqrt{3}}{2}$, quand les sécantes menées de O, aux points le AD, interceptent sur la courbe un point égal à $\dfrac{1}{2}$. Pour pouvoir comparer la longueur de l'arc AC à $\dfrac{R\sqrt{3}}{2}$ et $\dfrac{R\sqrt{2}}{2}$, il faut établir aussi que, lorsque la sécante moyenne intercepte sur l'arc un point de ∂ égal à $\dfrac{1}{2}$, sur AD au point de ∂ égal à $\dfrac{\sqrt{3}}{2}$, il intercepte, sur $\dfrac{R\sqrt{2}}{2}$, un point de ∂ égal à $\dfrac{\sqrt{2}}{2}$.

Pour cela il nous faut construire la droite $\dfrac{R\sqrt{2}}{2}$. Cette droite Aa est, en longueur linéaire, égale à la moitié de AB = $R\sqrt{2}$. Mais, en surface, elle est le quart de AB. En effet :

$$\text{Surface } AB = R\sqrt{2} \times \sqrt{2} = 2R.$$
$$\text{Surface } Aa = \dfrac{R\sqrt{2}}{2} \times \dfrac{\sqrt{2}}{2} = \dfrac{R}{2}.$$

Pour construire cette droite $\dfrac{R\sqrt{2}}{2}$, nous prendrons sur une perpendiculaire à la direction axiale Aa, deux longueurs égales à $\dfrac{\sqrt{2}}{2}$. Menant par les points obtenus, des parallèles à la direction axiale AB ; nous

<hr>

(1) Voir détail des matières à la table.

obtiendrons, en surface, la droite $\frac{R\sqrt{2}}{2}$ qui intercepte sur la direction OD, la valeur du δ de son point, soit $a_1a_2 = \frac{\sqrt{2}}{2}$.

On peut obtenir directement cette construction sur le graphique. A cet effet, par le centre axial A, du point A, on mène deux dimensions parallèles aux axes des abcisses et des ordonnées. Le point A est décomposé en quatre points. Il suffit de mener par les centres axiaux z et z_1, les diagonales parallèles à AB et de les prolonger : la distance qui sépare ces deux directions, est : $zz_1 = \frac{\sqrt{2}}{2} = a_1a_2$.

Les sécantes menées de O à AD, telles qu'elles interceptent sur la circonférence un point de $\delta = \frac{1}{2}$, ont pour point moyen un point dont le $\delta = \frac{\sqrt{3}}{2}$. Ces sécantes déterminent par leur intersection avec AD, une droite moyenne, de longueur $\frac{R\sqrt{3}}{2}$, c'est dire que, *la droite AD mesurée non comme verticale isolée, mais comme droite dépendante du cercle, c'est à dire, comme une droite dont le δ du point est déterminé par le δ du point de arc AC égal à* $\frac{1}{2}$, *a pour longueur* $F_1F_2 = \frac{R\sqrt{3}}{2}$.

Les sécantes menées de O à AD sont en nombre R, puisque $\frac{R\sqrt{3}}{2}$ comprend R sécantes de $\delta = \frac{\sqrt{3}}{2}$. Ces sécantes mesurent la surface du triangle AOD, devenue triangle F_1OF_2, car chacune de ces sécantes a pour surface $\frac{\sqrt{3}}{2 \times 2} \times \frac{R\sqrt{3}}{2} = \frac{3R}{8}$. Il y a R de ces sécantes dans surface triangle F_1OF_1 donc surf. triangle $F_1OF_2 = \frac{3R}{8} \times R = \frac{3R^2}{8}$. Ce qui est bien la surface de triangle F_1OF_2 qui a pour expression $\frac{R\sqrt{3}}{2 \times 2} \times \frac{R\sqrt{3}}{2} = \frac{3R^2}{8}$.

$\frac{3R}{8}$ est la mesure élémentaire de surface triangle F_1OF_2, or cette mesure est celle de la sécante moyenne, mesurée dans les mêmes plans que le rayon du cercle. Cette sécante moyenne est *géométriquement* représentée par la ligne triangulaire fOF_1.

Les sécantes menées de O à AD telles qu'elles interceptent sur la circonférence un point de $\delta = \frac{1}{2}$ sont en nombre R. Elles coupent la droite Aa et déterminent R sécantes menées de O à Aa, lesquelles décomposent et mesurent la surface de triangle AOa. Aa étant égal à $\frac{R\sqrt{2}}{2}$, contient R points de $\delta = \frac{\sqrt{2}}{2}$. Donc le point moyen des sécantes menées de O à AD, a sur Aa, un δ égal à $\frac{\sqrt{2}}{2}$.

Cherchons la valeur de la sécante moyenne de surface triangle AOa et sa représentation géométrique. Les sécantes qui mesurent la surface de triangle AOa sont en nombre R.

$$\text{Or, surface triangle } AOa = \frac{R\sqrt{3}}{2 \times 2} \times \frac{R\sqrt{2}}{2},$$

$$\text{d'} \qquad = \frac{R^2}{4} = R \times \frac{R}{4}.$$

Il est aisé de voir que la représentation géométrique de la droite de surface $\frac{R}{4}$, est la droite triangulaire a_1Oa_4. En effet $a_1a_4 = \frac{\sqrt{2}}{2}$. Cette mesure ressort de la similitude des triangles $Oe'e'_1$ et aa_1a_4, similitude qui nous permet de poser :

$$\frac{e'e'_1}{a_1a_4} = \frac{OC}{Oa} \text{ or, } e'e'_1 = 1,\ OC = R,\ Oa = R\frac{\sqrt{2}}{2}.$$

En remplaçant nous obtenons :

$$a_1a_4 = \frac{1 \times \dfrac{R\sqrt{2}}{2}}{R} = \frac{\sqrt{2}}{2}$$

Nous pouvons aussi par construction directe obtenir la valeur de a_1a_4. a est le centre axial d'un point que nous pouvons construire par ses coordonnées rectangulaires. Or, les coordonnées rectangulaires du point a, sont égales entre elles et à $\dfrac{R}{2}$ en longueur linéaire. La construction graphique faite **sur « la planche en couleurs »**, nous montre que la rencontre de ces coordonnées détermine le point carré $a_1a_4a_3a_2$. a_1a_4 est la diagonale de ce point. Nous obtenons sa valeur en posant : $\dfrac{1}{2} + \dfrac{1}{2} = \dfrac{1}{4}$, d'où $a_1a_4 = \dfrac{1}{\sqrt{2}} = \dfrac{\sqrt{2}}{2}$.

a_1a_4 étant déterminé, nous obtenons surface ligne $Oa_1a_4 = \dfrac{\sqrt{2}}{2 \times 2} \times \dfrac{R\sqrt{2}}{2} = \dfrac{R}{4}$.

Donc, les sécantes menées de O à AD, telles qu'elles interceptent sur la circonférence un point égal à $\dfrac{1}{2}$, sont en nombre R. Elles déterminent sur AD, R points de δ égal à $\dfrac{\sqrt{3}}{2}$, la longueur de la droite **AD** est donc représentée par $F_1F_2 = \dfrac{R\sqrt{3}}{2}$, les mêmes sécantes déterminent R points de $\delta = \dfrac{\sqrt{2}}{2}$ sur Aa, dont la longueur est $\dfrac{R\sqrt{3}}{2}$.

Le point de la courbe étant pris pour unité de mesure, et égal à $\dfrac{1}{2}$, *il y a R points égaux à* $\dfrac{1}{2}$ *dans arc AC.*

Donc, *le δ du point de arc AC étant inconnu, nous pourrons chercher sa valeur, sachant qu'il en existe R, dans arc AC, en le comparant, pour le mesurer, aux δ des points de* F_1F_2 *et Aa, c'est-à-dire à* $\dfrac{\sqrt{3}}{2}$ *et à* $\dfrac{\sqrt{2}}{2}$. *Ou encore nous pourrons pour le mesurer, comparer arc AC, aux longueurs* $\dfrac{R\sqrt{3}}{2}$ *et* $\dfrac{R\sqrt{2}}{2}$. *Et nous effectuerons ces mesures en disant :*

$$\delta \text{ point arc } AC = \frac{\dfrac{\sqrt{3}}{2} + \dfrac{\sqrt{2}}{2}}{2} = \frac{\sqrt{3} + \sqrt{2}}{4}.$$

$$\text{longueur linéaire arc } AC = \frac{R(\sqrt{3} + \sqrt{2})}{4}.$$

Si nous démontrons que tous les points de arc AC, en nombre R, sont, dans les mêmes surfaces ou dans des surfaces semblables, également distants des points, en nombre R, de F_1F_2 *et Aa.*

Deux méthodes, donc, se présentent à nous :

1° On comparer le δ des points de arc AC, avec les δ des points de F_1F_2 et de Aa ;

2° On comparer directement arc AC aux deux longueurs $F_1F_2 = \dfrac{R\sqrt{3}}{2}$, et A$a = \dfrac{R\sqrt{2}}{2}$.

Première Méthode. — Comparaison du δ du point de AC, avec ceux du point des droites F_1F_2 et Aa.

$$\delta \text{ point droite } F_1F_2 = \frac{\sqrt{3}}{2}.$$

$$\delta \text{ point droite } Aa = \frac{\sqrt{2}}{2}.$$

Les sécantes menées de O à AD déterminent la ligne F_1F_2. Ces sécantes mesurent par leur sommation B, la surface de triangle F_1OF_2; arrêtées à la ligne Aa, elles mesurent de même la surface de triangle AOa; arrêtées à la circonférence elles mesurent la surface du secteur AOC.

Nous pouvons comparer entre elles, surface triangle F_1OF_2, surface triangle AOa, surface secteur AOC, en comparant les surfaces des droites élémentaires qui les mesurent, car nous avons établi que deux ou plusieurs surfaces sont entre elles comme les surfaces de leurs droites élémentaires homologues. Nous avons aussi établi que deux ou plusieurs surfaces sont entre elles comme les surfaces de leurs points élémentaires; enfin que considérées en surface superficielle deux ou plusieurs surfaces sont entre elles comme les ∂ de leurs points élémentaires (1).

Pour comparer aux surfaces triangles F_1OF_2 et Aoa, la surface de secteur AOC, nous comparerons les surfaces élémentaires de ces surfaces respectives.

Ces surfaces, sont algébriquement : $\dfrac{3R}{8}$, pour surface F_1OF_2, $\dfrac{R}{2}$, pour surface Aoa, et nous cherchons la surface élémentaire de secteur Aoc, puisque nous cherchons le ∂ de son point.

Géométriquement ces surfaces sont respectivement représentées par les lignes triangulaires, OfF_1, oa_1a_1, $oc'C$ (nous savons que $c'C = c_1C$).

Ces lignes surface triangulaires sont comparables entre elles, géométriquement, puisqu'elles font partie de la surface de la diagonale triangulaire Off_1, et que dans cette surface les bases de ces lignes, fF_1, $c'C$ et a_1a_1, sont parallèles entre elles. Ces droites élémentaires, sécantes moyennes des surfaces considérées, se mesurent dans les mêmes plans de comparaison qui sont les plans du rayon $oc'C$, plans dont les traces sont OC et Cc'.

Déterminer la valeur du ∂ du point de arc AC, en fonction du ∂ des points des autres sécantes moyennes telle que $\partial\,AC = \dfrac{\partial\,F_1F_2 + \partial_1\,Aa}{2}$, c'est chercher dans un trapèze la base moyenne représentée par le ∂ de AC, qui serait également distante des deux bases parallèles ∂ de F_1F_2 et ∂ de Aa.

Il nous faut donc comparer les surfaces OfF_1, $Oc'C$ et Oa_1a_1 et chercher à faire de $c'C$ *la base moyenne* d'un trapèze, dont les bases extrêmes seraient fF_1 et a_1a_1.

Cette construction n'est pas réalisée dans la figure.

Mais si nous considérons OfF_1 et $Oc'C$, ces droites triangulaires, sécantes moyennes des surfaces triangle F_1oF_2 et secteur AOC, sont des *hypothénuses*, au contraire Oa_1a_1, sécante moyenne de surface triangle OAa est dans ce triangle *un côté de l'angle droit*. Or, une surface étant considérée, si elle est exprimée en fonction du point de l'hypothénuse, ce point a une valeur double en surface du point des composantes, c'est-à-dire que le point du côté de l'angle droit.

Donc, pour comparer les droites OfF_1, $Oc'C$ et Oa_1a_1, il faut, Oa_1a_1 étant côté de l'angle droit, donner une valeur double à OfF_1 et $Oc'C$, *ce qui revient comparer les droites* Off_1, $Oc'c'$, *et* Oa_1a_1.

D'autre part, chercher les distances qui séparent de $c'C$ les bases fF_1 et a_1a_1, c'est chercher sur la direction *axiale* diagonale OD, la distance des centres axiaux F_1 et a, au point axial C. Or, les centres axiaux F_1 et C sont les milieux respectifs de ff_1, $c'c_1$, qui sont les ∂ des points $\dfrac{3}{2}$ et 1, alors que fF_1 et $c'C$ sont les ∂ des points de surface $\dfrac{3}{4}$ et $\dfrac{1}{2}$.

Nous avons donc réalisé des surfaces semblables Off_1, $Oc'c_1$, Oa_1a_1 dans lesquelles nous allons déterminer les distances qui séparent ff_1 et a_1a_1 de $c'c_1$, c'est-à-dire les distances, qui, *dans la même surface* séparent les centres axiaux F_1 et a de C.

$c'c_1$ est base parallèle dans un trapèze dont les bases extrêmes sont ff_1 et a_1a_1. Il faut démontrer que $c'c_1$ est base moyenne dans ce trapèze. Or, appliquant à cette solution les principes de la Géométrie orthodoxe, nous trouvons que les distances des centres axiaux F_1 et a à C, sont respectivement : F_1C et Ca.

<hr>

(1) Voir ci-dessus, pages 73 et 74.

$$F_1C = \frac{R\sqrt{6}}{2} - R,$$

$$Ca = R - \frac{R\sqrt{2}}{2}.$$

Mais en réalité, nous savons que la *différence de deux lignes surface est une surface*. Donc pour connaître la distance véritable qui sépare les centres axiaux F_1 et a de C, il faut faire la *différence des surfaces* qui s'étendent entre ff_1 et $e'e'_1$ d'une part, entre $e'e'_1$ et a_1a_4, d'autre part.

Nous dirons cherchant la différence de surface correspondante à longueur abstraite F_1C.

$$\text{Surf. } Off_1 - \text{surf. } Oe'e'_4 = \left(\frac{R\sqrt{6}}{2} \times \frac{\sqrt{6}}{2 \times 2}\right) - 1 \times \frac{R}{2},$$

$$= \frac{6R}{8} - \frac{R}{2} = \frac{6R - 4R}{8},$$

$$= \frac{2R}{8} = \frac{R}{4}.$$

de même :

$$\text{Surf. } Oe'e'_1 - \text{surf. } Oa_1a_1 = 1 \times \frac{R}{2} - \left(\frac{\sqrt{2}}{2 \times 2} \times \frac{R\sqrt{2}}{2}\right),$$

$$= \frac{R}{2} - \frac{R}{4},$$

$$= \frac{R}{4}.$$

Donc, considérés *dans les sécantes moyennes, lesquelles sont mesurées dans les plans du rayon du cercle*, les ∂ de tous les points de la courbe AC, en nombre R, sont également distants des ∂ de tous les points, en nombre R, de valeur $\frac{\sqrt{3}}{2}$ et $\frac{\sqrt{2}}{2}$ des droites $\frac{R\sqrt{3}}{2}$ et $\frac{R\sqrt{2}}{2}$. Et nous concluons :

$$\partial \text{ point arc AC} = \frac{\frac{\sqrt{3} + \sqrt{2}}{2}}{2} = \frac{\sqrt{3} + \sqrt{2}}{4}.$$

Il y a R points égaux à $\frac{\sqrt{3} + \sqrt{2}}{4}$ dans arc AC, donc :

$$\textit{Longueur rectiligne arc AC} = \frac{R(\sqrt{3} + \sqrt{2})}{4}.$$

$$\textit{Longueur } \frac{1}{8} \textit{ circonférence} = \frac{R(\sqrt{3} + \sqrt{2})}{4}.$$

DEUXIÈME MÉTHODE. — Mesure directe de arc AC au moyen des droites $F_1F_2 = \frac{R\sqrt{3}}{2}$, et $Aa = \frac{R\sqrt{2}}{2}$.

Nous dirons : Pour que arc AC soit mesuré en fonction de ces deux longueurs, c'est-à-dire pour que longueur rectiligne arc AC $= \frac{R(\sqrt{3} + \sqrt{2})}{4}$, il faut que la longueur rectiligne représentant arc AC, soit la base moyenne d'un trapèze dont $F_1F_2 = \frac{R\sqrt{3}}{2}$ et $Aa = \frac{R\sqrt{2}}{2}$ soient les bases extrêmes.

Soit un trapèze ABCD dont les bases parallèles sont AB et CD (fig. 58).

Par E, milieu de AD, nous menons une parallèle aux bases, soit EF cette parallèle. Par F, menons une perpendiculaire GG' à EF; nous savons que GB = G'C. Les deux triangles BFG et G'FC sont égaux, puisque F est le milieu de BC, donc FG = FG'.

Dans le trapèze ABCD nous avons :

$$FE = \frac{AB + CD}{2}.$$

Donc, pour démontrer qu'un point quelconque I, appartient à la base moyenne EF, AB et CD étant données, il suffira de démontrer que LM perpendiculaire commune aux deux bases, menée par le point I, est partagée par ce point en deux parties égales, LM et IL. Cette démonstration étant faite on déterminera EF, en menant par le point I, une parallèle aux bases AB et CD.

Les deux longueurs $\frac{R\sqrt{3}}{2}$ et $\frac{R\sqrt{2}}{2}$, qui doivent nous servir à mesurer arc AC, sont les côtés de l'angle droit F_1F_2 et Aa de deux triangles isocèles rectangles F_1OF_2 et AOa. Ces triangles sont semblables, parce que isocèles rectangles, parce que aussi leurs côtés sont respectivement perpendiculaires entre eux. *(Planche en couleurs)* (1).

Mais lorsque nous avons exprimé la surface de ces triangles en fonction de leurs sécantes moyennes respectives, ces sécantes moyennes $Of'F_1$ et Oa_1a_2 étaient mesurées dans les mêmes plans que la sécante moyenne Oc'C du secteur AOC, lorsque nous voulons exprimer leur surface en fonction des côtés de l'angle droit, nous trouvons :

$$\text{Surf. tr. } F_1OF_2 = \frac{F_1F_2 \times OF_2}{2},$$
$$\text{Surf. tr. } Aoa = \frac{Aa \times {}^{a}O}{2}.$$

Les dimensions au moyen desquelles nous mesurons ces surfaces ne sont pas mesurées elles-mêmes dans les mêmes plans de comparaison, mais dans des plans qui sont respectivement perpendiculaires entre eux.

Donc, pour faire de F_1F_2 et Aa les bases parallèles d'un trapèze, il faut :

1° Rendre ces côtés parallèles dans la même surface ;

2° Définir la distance qui doit séparer, ces lignes homologues, dans les surfaces de ces triangles devenues celles-mêmes parallèles, *en respectant la position origine de la courbe Ac, par rapport à ces côté homologues,*

La première condition sera remplie si nous amenons Aa dans la position $A_2A'_2$.

La deuxième condition sera remplie, si le point C, de la courbe, qui, dans le trapèze $ff_1a_1a_2$, était également distant de tous les points des lignes $\frac{R\sqrt{3}}{2}$ et $\frac{R\sqrt{2}}{2}$ reste également distant, dans cette nouvelle position, de tous les points de F_1F_2 et de $A_2A'_2$. Or, $\frac{R}{4}$, était la distance, considérée en surface, séparant C et partant chacun des points de la courbe, de tous les points des lignes $\frac{R\sqrt{3}}{2}$ et $\frac{R\sqrt{2}}{2}$ dans les sécantes moyennes. Donc, si le centre axial C de la courbe, reste également distant de F_1F_2 et de $A_2A'_2$, nous aurons réalisé, dans la parallèle KC″ aux bases du trapèze $F_1F_2A_2A'_2$, *la base moyenne qui mesurera la longueur rectiligne de arc AC.*

Menons par C, une perpendiculaire commune aux deux bases F_1F_2 et $A_2A'_2$. Cette perpendiculaire sera MA_2.

En effet, MA_2 est parallèle à OA, et sa distance à OA est mesurée par $CC'' = \frac{R\sqrt{2}}{2} = A_2A'_2$.

---

(1) Voir page 76.

Il faut démontrer :

1° Que le point C est également distant de F_1F_2 et de $A_2A'_2$.

... que cette surface, exprimée en surface, reste égale à $\dfrac{R}{4}$.

Mesurons CM et MA$_2$.

$$CM = MC' - CC',$$
$$CA_2 = CC' - A_2C'.$$

... (d'après la géométrie orthododoxe), $CM = \dfrac{R\sqrt{3}}{2} - \dfrac{R\sqrt{2}}{2}$,

d'où $CA_1 = \dfrac{R\sqrt{2}}{2} - \dfrac{R}{2}$.

En surface, $CM = \left(\dfrac{R\sqrt{3}}{2} \times \dfrac{\sqrt{3}}{2}\right) - \left(\dfrac{R\sqrt{2}}{2} \times \dfrac{\sqrt{2}}{2}\right)$,

$$= \dfrac{3R}{4} - \dfrac{R}{2} = \dfrac{3R - 2R}{4},$$

$$= \dfrac{R}{4}$$

d° $CA_2 = \dfrac{R}{2} - \dfrac{R}{4} = \dfrac{2R - R}{4}.$

$$= \dfrac{R}{4}.$$

Donc, *longueur rectiligne arc AC = MC'* $= \dfrac{R\left(\sqrt{3} + \sqrt{2}\right)}{4}$,

Long. rectiligne $\dfrac{1}{8}$ circonf. $= \dfrac{R\left(\sqrt{3} + \sqrt{2}\right)}{4}$ (1).

... il a démontré par ... in-8° ... dont nous avons fait usage dans notre mémoire imprimé, ... sous le titre : L'ÉVALUATION DE LA LONGUEUR DE LA CIRCONFÉRENCE, va nous permettre de démontrer ... que :

$$\text{Long. rectiligne } \tfrac{1}{8} \text{ circonférence} = \dfrac{R\left(\sqrt{3} + \sqrt{2}\right)}{4}.$$

... entre la corde AB et ligne brisée AB + DB. nous savons que nous **avons dans corde AB, une limite** ... et que, dans la ligne brisée AD + DB, une limite supérieure à longueur linéaire arc ACB.

... médiane de arc AC, et $AD = R = \dfrac{AD + DB}{2}$ est limite supérieure à arc AC.

... de C la perpendiculaire **CF sur** AD. $AF = \dfrac{1\sqrt{2}}{2} = CC'' = Aa.$

... c'est de F et de a, du moins c'est l'indication que nous donne la géométrie orthodoxe. Or, CF et *Ca* sont ... La figure nous donne :

... surf. $\dfrac{R\sqrt{3}}{2} \cdot R - \dfrac{R}{2} = $ surf. $\dfrac{R}{2}$,

... triangulaire R = surf. droite triangulaire $\dfrac{R\sqrt{2}}{2} = \dfrac{R}{2} - \dfrac{R}{4} = $ surf. $\dfrac{R}{4}$.

... en réalité géométrique $CF > Ca$.

... en construisant la surface réelle de triangle FOA, de mesurer AF, et nous avons trouvé : $AF = \dfrac{R\sqrt{3}}{2} = F_1F_2$.

... la projection verticale de AD = R, quand nous faisons de AD, la corde AE_2 du cercle, en décrivant de A comme centre, avec AD ... le cercle qui coupe la circonférence en E_2.

... triangle E_2OA' ... donne : Surf. $E_2V_2 = $ surf. R — surf. $\dfrac{R}{4} = $ surf. $\dfrac{3R}{4}$,

longueur linéaire $E_2V_2 = \dfrac{R\sqrt{3}}{2}.$

C'est-à-dire que, par rapport aux plans de projections dans lesquels nous mesurons la surface O*c'*C du rayon, **plans dont les traces sont OC et** ... à OC, AD est une *ligne*, qui se mesure par sa projection, et nous trouvons la valeur de cette projection en faisant de AD une **corde** ...

P.-L. M.

Telle est donc la longueur rectiligne de l'arc AC, quand nous exprimons cette longueur en fonction de la constante R, c'est-à-dire *en fonction d'une quantité numérique constante de R points égaux à 1.* L'arc AC contient $\dfrac{R(\sqrt{3}+\sqrt{2})}{4}$, *points égaux à 1.* C'est-à-dire que nous mesurons l'arc en fonction de la constante numérique qui nous sert à mesurer les directions axiales OA et OB, directions axiales qui contiennent R points égaux à 1.

La longueur de arc AC, $\dfrac{1}{8}$ de la circonférence contenant $\dfrac{R(\sqrt{3}+\sqrt{2})}{4}$ points égaux à **1**,

La longueur arc ACB $= \dfrac{1}{4}$ circonférence contiendra $\dfrac{R(\sqrt{3}+\sqrt{2})}{2}$, points égaux à **1**.

Nous pourrons dès lors comparer les *surfaces superficielles* exprimées en fonction du *point unité 1,* telles surface carrée OADB, surface secteur OACB, surface triangle ABO.

$$\text{Surface carrée} = R \times R \times 1^2 = R^2 \times 1^2 = R^2.$$

Surface secteur contient $\dfrac{R(\sqrt{3}+\sqrt{2})}{2}$ fois surf. rayon $\dfrac{R}{2}$, car surf. rayon $= \dfrac{R \times 1 \times 1^2}{2} = \dfrac{R}{2} \times 1^2.$

$$\text{donc surface secteur} = \frac{R(\sqrt{3}+\sqrt{2})}{2} \times \frac{R}{2} \times 1^2.$$

$$= \frac{R^2(\sqrt{3}+\sqrt{2})}{4}.$$

$$\text{Surface triangle AOB} = \frac{R^2}{2} \times 1^2 = \frac{R^2}{2}.$$

Autrement dit, la surface du secteur $\dfrac{1}{4}$ de cercle, étant mesurée par le même point élémentaire, est mesurée dans *les mêmes plans de projection que les surfaces du carré OADB, du triangle OAB.*

Nous avons obtenu longueur rectiligne arc ACB (quart circonférence) $= \dfrac{R(\sqrt{3}+\sqrt{2})}{2}$. La longueur de circonférence sera donc :

$$\textit{Longueur rectiligne circonférence} = \frac{R(\sqrt{3}+\sqrt{2})}{2} \times 4 = \dots (\sqrt{3}+\sqrt{2}) \times 1 = 2R(\sqrt{3}+\sqrt{2}).$$

La longueur de la circonférence d'après la géométrie orthodoxe est $2\pi R$.

On appelle π, *le rapport de la circonférence au diamètre.*

La géométrie orthodoxe est impuissante à démontrer *géométriquement* la longueur de la circonférence, et π est non seulement un nombre incommensurable, *mais πR ne correspond point à une longueur finie.*

La valeur $\dfrac{\text{circonf.}}{2R} = \pi$, a été trouvée égale à un nombre composé d'une quantité illimitée de décimales et, conséquence même de l'imprécision de la méthode, l'expression de ce nombre a varié très sensiblement depuis l'antiquité jusqu'à nos jours. Ce nombre est 3,1415920653, etc.

Ne voulant pas modifier des notations, pour le plaisir d'innover, nous adopterons pour longueur de la circonférence l'expression actuelle $2\pi R$ et nous poserons :

$$2\pi R = 2R(\sqrt{3}+\sqrt{2}).$$

$$\text{d'où} \qquad \pi = \sqrt{3} + \sqrt{2}.$$

$$\sqrt{3} = 1.7320\ldots\ldots$$
$$\sqrt{2} = 1.4142\ldots\ldots$$
$$\overline{\pi = 3.1462\ldots\ldots} \quad (1).$$

La valeur de π : 3,1462.... ainsi obtenue, aussi bien que la valeur 3,141592.... est **un nombre incommensurable**; $2\pi R$ est *algébriquement incommensurable*. Mais *géométriquement, graphiquement*, $2\pi R$, πR, $\dfrac{\pi R}{2}$, **sont des longueurs finies, comme sont finies les longueurs géométriques R $\sqrt{3}$ et R $\sqrt{2}$ qui les constituent.**

Nous établirons au chapitre suivant les valeurs géométriques de R $\sqrt{3}$ et R $\sqrt{2}$.

$2\pi R$, longueur rectiligne de la circonférence, signifie également, que la circonférence contient $2R(\sqrt{3} + \sqrt{2})$ points égaux à 1.

La géométrie orthodoxe a seulement établi *algébriquement* la valeur de π, *valeur abstraite*, rapport de la circonférence au diamètre. Cette méthode est impuissante à représenter *graphiquement* la longueur de la circonférence. *Mais en outre, la géométrie orthodoxe ne peut apporter* **aucune preuve ou algébrique ou géométrique vérifiant la valeur de π.**

Au livre III, deuxième partie, nous démontrerons que la valeur 3,1462.... que nous venons de définir, comme étant celle de π, est la **valeur véritable.** Nous établirons que les volumes respectifs du cylindre, de la sphère et du cône, de même rayon de base R, pour le cylindre et le cône, de rayon R pour la sphère, de hauteur 2R commune à ces trois solides, que ces volumes, disons nous, ne peuvent être entre eux comme les nombres 3, 2, 1, consacrés par l'expérience, si longueur $\dfrac{1}{8}$ circonférence n'est pas égale, en longueur rectiligne à : $\dfrac{R(\sqrt{3} + \sqrt{2})}{4}$.

---

(1) Note de l'Auteur. — Nous disons que nous n'avons pas voulu innover, en prenant une autre expression que $2\pi R$, pour la longueur de la circonférence.

La raison est que la notation π, est si généralement adoptée, qu'il y aurait inconvénient grave à la modifier. Pour ce motif, nous n'avons pas cru devoir *céder aux sollicitations dont nous avons été l'objet.* Mais il est bien évident qu'en adoptant $2\pi R$ pour expression de la longueur de la circonférence, nous *faussons en apparence*, l'esprit de la « *Théorie du point* ».

En effet, en écrivant $2\pi R$, c'est dire : la circonférence contient $2R$ *points de δ égal à π*, et $\pi = \sqrt{3} + \sqrt{2}$. Or, nous avons voulu exprimer la longueur de la circonférence, *en fonction de la constante R*, et non en fonction de 2R.

D'autre part, même en adoptant 2R, nous verrons au chapitre suivant, que nous ne pouvons représenter *géométriquement, graphiquement* qu'un point de la circonférence de $\delta = \dfrac{\sqrt{3} + \sqrt{2}}{2}$.

En adoptant l'expression $2\pi R$, consacrée par l'usage, nous voudrons dire, *tenant compte de la valeur réelle du δ du point de la circonférence susceptible d'être construit, et sous entendant cette valeur :* **la circonférence comprend $2\pi R$ points de $\delta = 1$.**

Long. circonf. $= 2\pi R \times 1 = 2\pi R$.

P.-L. M.

CHAPITRE XIII

Objet : **Construction graphique de** $\dfrac{\pi R}{2} = \dfrac{R\sqrt{3} + R\sqrt{2}}{2}$ (1).

Nous allons construire la droite qui représente la longueur développée. longueur rectiligne par conséquent, de arc ACB = quart de la circonférence (fig. 59).

Ayant construit le carré OADB nous mènerons les deux diagonales OD et AB qui se coupent au point a.

Il s'agit de construire les droites $R\sqrt{2}$ et $R\sqrt{3}$.

Du point O, comme centre, nous décrirons la circonférence OBCACB'AB.

La diagonale OD coupe la courbe en C. qui est le milieu de arc ACB. Si du point C nous abaissons une perpendiculaire sur OA et que nous la prolongions jusqu'à sa rencontre en C' avec arc ACB'. la droite CC sera égale à $R\sqrt{2}$.

Il s'agit de déterminer $R\sqrt{3}$.

Du point A comme centre, avec AD pour rayon. décrivons un arc de cercle. il coupera la courbe au point G, joignant AG, nous savons que AG = R. Cherchons les projections de AG sur les plans de comparaison. Si nous joignons OG, OG = R. Le triangle AGO est isocèle. donc sa hauteur GG_1 tombe au milieu de AO, donc $AG_1 = OG_1 = \dfrac{R}{2}$.

Nous connaissons l'une des projections de AG = R ; pour obtenir l'autre, nous posons :

$$\text{Surf. } R = \text{surf. } \frac{R}{4} + \text{surf. } x\ ;$$

$$\text{donc, surf. } x = \text{surf. ligne } GG_1 = \frac{3R}{4}.$$

$$\text{long. linéaire } GG_1 = \frac{R\sqrt{3}}{2}.$$

En prolongeant GG_1 jusqu'à sa rencontre en G_2 avec la circonférence. nous aurons :

$$GG_2 = R\sqrt{3}.$$

Joignons CG et $C'G_2$.

Prenons le milieu I de CG. le milieu I' de $C'G_2$: joignons II' :

$$II' = \frac{CC' + GG_2}{2} = \frac{R\sqrt{3} + R\sqrt{2}}{2} = \frac{R(\sqrt{3} + \sqrt{2})}{2}.$$

$$II' = \text{long. rectil. arc ACB} = \frac{\pi R}{2}.$$

<hr>

(1) Voir détail des matières à la table.

Si nous joignons les points G et G, à l'extrémité A' du diamètre du cercle, nous déterminerons un triangle A'GG.

La hauteur A'G, tombe au milieu de la base GG : donc ce triangle est isocèle.

Le triangle GG,A' rectangle en G, nous permet de déterminer la valeur des côtés GA' et A'G.

Nous connaissons $A'G, = G,O + OA' = \frac{3}{2}R.$ et $GG, = \frac{R\sqrt{3}}{2}$, A'G est hypothénuse de ce triangle GG,A'.

Nous pouvons écrire : Surface $A'G = \frac{3R}{4} + \frac{9R}{4} = \frac{12R}{4} = 3R.$

$$\text{D'où } A'G = R\sqrt{3}.$$
$$\text{Donc } A'G = A'G_2 = GG_2.$$

Donc, le triangle GG,A' est équilatéral. Ce triangle est dit, le *triangle équilatéral inscrit*, parce que ses sommets s'appuient sur la circonférence.

$$\text{D'autre part, } R\sqrt{2} = AB = CC'.$$

Or, AB est le côté du *carré inscrit*. D'où cette définition de la longueur du quart de la circonférence :

La longueur rectiligne du quart de la circonférence est égale à la demi somme des longueurs des côtés du triangle équilatéral et du carré inscrits.

Par deux parallèles II' et I'L', nous pouvons rapporter les points I et I' sur la circonférence. LL' = II', et l'on peut dire :

La longueur rectiligne, quart de circonférence, est une corde du cercle égale à la demi-somme des longueurs des côtés du triangle équilatéral et du carré inscrits.

Il n'est pas besoin d'insister pour montrer que les hauteurs du triangle équilatéral GA'G₄ se coupent au même point, qui est le centre axial du cercle, et que la distance de ce point à chacune des bases est égale à $\frac{R}{2}$, soit le tiers de la hauteur $\frac{3}{2}R$ (1).

Si nous menons par G une parallèle GK, à AA', et que nous joignions KA', que nous répétions la même construction dans la demi circonférence ACB'A', nous déterminons un polygone de six côtés égaux entre eux et à R, qu'on appelle *l'hexagone régulier*.

En effet, $GK = 2 \times OG, = 2 \times \frac{R}{2} = R. \quad KA' = R,$ car K est situé à la même hauteur que G au-dessus du plan horizontal de trace AA', et la projection horizontale de $KA' = \frac{R}{2}$: donc AG et KA' ayant des projections homologues égales, sur les mêmes plans de projections, sont égales.

OM est l'apothème du triangle OGK. Or, nous connaissons dans triangle rectangle OGM deux cotés, $OG, = \frac{R}{2}$, et hypothénuse OG = R. Nous trouverons OM en posant :

$$\text{Surf. R} - \text{Surf. } \frac{R}{4} = \text{Surf. OM.}$$

$$\text{Surf. OM} = \frac{3R}{4}.$$

$$\text{d'où OM} = \frac{R\sqrt{3}}{2}.$$

(1) Voir page 25.

Ce sont les indications dont nous nous étions servi, ou les mesures que nous avions projeté de définir, quand, au livre II de la première partie, nous avons traité de la mesure de l'hexagone (pages 32 et 33).

Donc, *géométriquement, graphiquement,* la longueur rectiligne du quart de la circonférence est égale à la demi-somme de deux longueurs $R\sqrt{3}$ et $R\sqrt{2}$, qui représentent respectivement le côté du triangle équilatéral et le côté du carré inscrits, longueurs qui sont *géométriquement, graphiquement finies,* quoique exprimées algébriquement par des quantités incommensurables. Et nous savons que ces quantités sont incommensurables, parce qu'elles représentent les *directions axiales,* c'est-à-dire les *longueurs abstraites* des lignes correspondantes, au lieu d'exprimer *leurs surfaces.*

Donc, **la longueur rectiligne de la circonférence,** est une longueur **géométriquement, graphiquement finie, quoique exprimée par l'expression incommensurable** $2\pi R$.

LIVRE II

MESURE DE LA SURFACE DU CERCLE

CHAPITRE UNIQUE

Objet : **Surface du cercle. — Solution du problème de la quadrature du cercle (1).**

La surface du cercle, que la géométrie orthodoxe ne peut définir qu'en considérant un secteur comme assimilable à un triangle, se déduit immédiatement des études qui précèdent.

$\frac{R}{2}$ est la surface du rayon : il y a dans surface cercle $2\pi R$, rayons égaux en surface à $\frac{R}{2}$, puisque la base curviligne du rayon est 1, et l'épaisseur du cercle égale à 1.

Donc, *surface cercle* $= 2\pi R \times \frac{R}{2} = \pi R^2$.

SOLUTION DU PROBLÈME DE LA QUADRATURE DU CERCLE

D'après les démonstrations que nous avons faites au livre I de la deuxième partie (page 80), si πR est une longueur finie, nous pouvons construire le côté du carré équivalent à un cercle de surface donnée.

Soit πR^2 la surface d'un cercle, x le côté du carré de même surface : nous posons :

$$x^2 = \pi R^2 = \pi R \times R.$$

Le problème posé s'exprime :

Chercher le côté d'un carré de même surface que le rectangle construit sur une hypothénuse entière et un segment égal à R (fig. 60) (2).

Soit, une longueur $AC = \pi R$: du point A sur AC, nous prenons une longueur $AD = R$. Prenant le milieu E de AC, nous décrivons de E comme centre avec EA, pour rayon une demi circonférence. Au point D, nous élevons une perpendiculaire qui coupe la circonférence au point G. Joignant AG, nous obtenons le côté x du carré cherché, de même surface que le cercle de rayon R.

Ce problème était regardé jusqu'à ce jour comme insoluble, et le monde savant s'est prononcé à maintes reprises dans ce sens. Il est susceptible de solution géométrique précise, parce que πR est une longueur géométrique finie.

Nous traiterons, au livre III, des surfaces des solides circulaires.

---

(1) Voir détail des matières à la table.

(2) Il est aisé de voir que les angles en A et C (fig. 60) sont constants quelles que soient les valeurs de R et πR. C'est sur cette propriété qu'est basée la construction du *quadrateur*, instrument qui permet de solutionner ce problème sans avoir à décrire la circonférence. (Note.)

LIVRE III

MESURE DES VOLUMES CIRCULAIRES

CHAPITRE PREMIER

Mesure des volumes des solides dits de révolution, cylindre, cône et sphère. — Discussion des résultats de la Géométrie orthodoxe. — Mesure du volume des solides, cylindre, cône et sphère en fonction de leur surface de révolution génératrice (1).

Les solides circulaires sont au nombre de trois, alors que les solides rectilignes se réduisent en réalité à deux.

Les solides circulaires sont *le cylindre, le cône* et *la sphère*.

Nous traiterons d'abord du volume de ces solides, nous réservant d'étudier ensuite leurs surfaces géométriques et leurs surfaces latérales.

La géométrie orthodoxe de même qu'elle mesure la surface du cercle en assimilant le cercle à un polygone décomposable en triangles, sans pouvoir démontrer la raison de cette assimilation, la géométrie orthodoxe mesure les volumes des solides cylindre et cône, en les assimilant au prisme et à la pyramide.

Pour la mesure de la sphère, les procédés sont de même nature et ne comportent pas davantage de démonstration géométrique satisfaisante.

On dit ainsi : *le volume du cylindre est égal au produit de la surface du cercle de base par la hauteur :*

$$\text{Vol. cylindre} = \pi R^2 \times H \text{ (fig. 61)}.$$

Le volume du cône *est le tiers du volume du cylindre de même base et de même hauteur :*

$$\text{Vol. cône} = \pi R^2 \times \frac{H}{3} \text{ (fig. 62)}.$$

La formule du volume de la sphère est :

$$\frac{4}{3} \pi R^3 \text{ (fig. 63)}.$$

On appelle aussi ces trois solides, *solides de révolution*, parce que l'on peut se rendre compte de la manière dont ils sont engendrés, en faisant tourner autour d'un axe vertical des surfaces appropriées.

---

(1) Voir détail des matières à la table.

Un rectangle, tournant autour d'un de ses côtés, engendre un cylindre.

Un triangle rectangle, tournant autour d'un de ses côtés de l'angle droit, engendre un cône.

Une demi-circonférence tournant autour de son diamètre engendre une sphère.

Ces surfaces de révolution qui réalisent un volume, *c'est à dire un solide matériel, tangible*, devraient donc pouvoir servir à déterminer les volumes des solides.

Et dans ce cas précis réside une nouvelle démonstration que les conceptions de la surface et de la ligne ne peuvent être des abstractions.

En effet, soit un rectangle ABCD, et supposons que CD = R et BD = 2R, la surface de ce rectangle = 2R × R. Faisons tourner ce rectangle autour de BD. Si cette surface n'a aucune épaisseur, comment pourrons-nous repérer les positions diverses qu'elle va occuper sur le cercle de la base CEGF? Il faut donc déjà lui supposer une épaisseur e égale à 1, dimension du point curviligne de la circonférence. Le volume engendré sera :

$$2\pi R \times (R \times 2R) = 4\pi R^3 \text{ (fig. 64)}.$$

Malgré cette *convention indispensable*, qui fait de la surface ABCD, un volume d'épaisseur $e = 1$, nous trouvons pour formule du volume une *valeur double* de celle adoptée, en faisant la sommation des surfaces du cercle de base :

Volume cylindre est, en effet, mesuré par surface base × hauteur.

Or, comment faire une sommation de surfaces base, si chacune de ces bases n'a pas une épaisseur $e = 1$, *c'est à dire si la surface de base n'est pas elle même un volume ?*

$$\text{Donc, surf. base} \times \text{hauteur} = \pi R^2 \times 1 \times 2R = 2\pi R^3.$$

Si nous menons dans ce rectangle la diagonale BC, nous déterminons un triangle rectangle BCD, et, si ce triangle nous le faisons tourner autour de son axe BC, la surface BCD engendrera un cône de même base et de même hauteur que le cylindre (fig. 64).

Or, la surface de ce triangle, surface superficielle, la seule que conçoive la géométrie orthodoxe est $\dfrac{\text{surf. rectangle}}{2} = \dfrac{R \times 2R}{2} = R^2$. Supposons à cette surface cette même épaisseur $e = 1$, indispensable et nous trouvons :

$$\text{Vol. cône} = R^2 \times 1 \times 2\pi R = 2\pi R^3,$$

c'est à dire que le volume du cône ainsi déterminé serait moitié du volume du cylindre exprimé en fonction de la surface de révolution.

Or, le volume accepté, volume réel est :

$$\frac{2\pi R^3}{3}.$$

Quant au volume de la sphère exprimée en fonction de sa surface de révolution, il est :

$$\frac{\pi R^2}{2} \times 1 \times 2\pi R = \frac{2\pi^2 R^3}{2} = \pi^2 R^3 \text{ (fig. 64)}.$$

Et la géométrie orthodoxe conclut que *l'expression de ces volumes en fonction de leur surface de révolution* **est impossible**.

Mais si nous appliquons les mesures que nous venons de définir pour exprimer, en formules *comparables entre elles*, les volumes du cylindre, du cône et de la sphère, nous considérerons le cylindre circonscrit à la sphère et le cône de même base et de même hauteur inscrit dans ce cylindre (fig. 65). Alors, il apparaît une anomalie singulière, sur laquelle la géométrie orthodoxe ne s'explique pas, réservant aux études dites *transcendantes*, de faire la lumière sur ce point capital.

En appliquant les formules acceptées au cas où $H = 2R$ et $CD = R$, (fig. 65).

$$\text{Nous obtenons : Vol. cylindre} = 2\pi R^3 ;$$
$$— \text{ cône } = \frac{2\pi R^3}{3} ;$$
$$— \text{ sphère } = \frac{4}{3}\pi R^3.$$

Le volume du cône est le tiers du volume de cylindre de même base et de même hauteur.

Le volume de la sphère est les $\frac{2}{3}$ du volume du cylindre de même hauteur, de même rayon de base.

$$\text{Car, vol. sphère} = 2\pi R^3 \times \frac{2}{3}.$$

Le volume de la sphère est double du volume du cône de même hauteur et de même rayon de base

$$\text{Vol. cône} \times 2 = \frac{2\pi R^3}{3} \times 2 = \text{vol. sphère.}$$

Or, ces résultats sont consacrés par l'expérience.

Et sur ce point capital, la géométrie orthodoxe est muette, ou invoque un théorème mystérieux compréhensible seulement par quelques-uns. Or, pour être un cas particulier, ce cas n'est pas moins très important, car *on eût pu choisir*, et nous disons même *qu'il était intéressant de choisir*, pour la mesure de ces solides, des surfaces de révolution solidaires entre elles, pour montrer la relation *qui doit exister et qui existe* entre les volumes et les surfaces de révolution de ces solides. C'est en somme le but réel de la géométrie que de définir les relations des lignes, des surfaces des volumes entre eux.

Supposons le plan d'un cercle représenté en surface volume, c'est-à-dire avec son épaisseur $e = 1$.

Dans ce cercle le rayon, mesure élémentaire de la surface, sera une droite prismatique de volume $\frac{R}{2}$, soit $R \times \frac{1}{2} \times 1 = \frac{R}{2}$ (fig. 66).

Nous pourrons faire tourner ce rayon autour de son centre, qui est la ligne axiale OO, du point O. Dans ce mouvement ce rayon décrira le volume de la *surface volume* cercle, il engendrera ce volume.

Et nous vérifions ce que nous avons montré ci-dessus *qu'un volume ne peut être engendré que par un volume.*

Le volume décrit par la *surface volume de révolution*, rayon du cercle, sera :

$$\text{Vol. cercle} = \frac{R}{2} \times 2\pi R \times e = \pi R^2 \times e.$$

Quand $e = 1$, nous le négligeons et nous disons : Surface cercle $= \pi R^2$.

En réalité, le volume ainsi décrit, est un cylindre ; il suffit pour cela de faire $e = H$, nous obtenons :

$$\text{Vol. cylindre} = \pi R^2 \times H.$$
$$\text{Si } H = 2R, \text{ vol. cylindre} = \pi R^2 \times 2R = 2\pi R^3.$$

Or, nous avons l'indication de ce que doit être, ce qu'on est convenu d'appeler, la surface de révolution d'un solide. Cette surface est une surface volume et *ce volume est un prisme dont le rayon du cercle est la base.* Et c'est à **cette seule condition** que cette surface peut tourner autour de son axe; c'est parce que cet axe est la ligne axiale qui joint *tous les points, centres axiaux des cercles superposés.*

Donc, la *surface de révolution* qui déterminera un cylindre de hauteur $2R$, de rayon R, sera une *surface volume, un prisme moitié de la surface volume parallélipipède* dont l'épaisseur est égale à 1, point élémentaire du rayon.

Représentons par le carré ABCD, la surface génératrice du cylindre (fig. 67). Donnons à cette surface une épaisseur égale à 1; nous avons le parallélipipède rectangle ABCDA'B'C'D'. Menons un plan diagonal dans ce volume soit BA, CD, les traces de ce plan.

CDC, A'BA, sont les rayons de base dont le point curviligne égal, est égal à C'C, à A'A, égal à 1.

Nous pouvons remplacer ces rayons de base par les rayons $O_1A'A$ et OCC (1) (fig. 67).

Si nous faisons tourner autour de OO_1, ligne axiale, cette surface volume $O_1A'A$, $OC'C$, elle décrira dans sa révolution un cylindre, dont la mesure, le volume du parallélipipède étant $2R^2$, celui du prisme R^2, sera :

$$Vol.\ cylindre = R^2 \times 2\pi R = 2\pi R^3.$$

Si dans le prisme nous menons la diagonale $O_1C'C$, nous déterminerons une pyramide $O_1C'CO$. Or, cette pyramide sera la surface volume de révolution du cône. Cette surface volume étant le $\frac{1}{3}$ du volume du prisme de même base et de même hauteur, aura pour mesure : $\dfrac{volume\ prisme}{3}$.

Donc *surface volume génératrice cône* $= \dfrac{R^2}{3}$. Il y a $2\pi R$ de ces surfaces volumes dans le volume du cône, donc :

$$Vol.\ cône = \frac{R^2}{3} \times 2\pi R = \frac{2\pi R^3}{3}.$$

Ce qui peut s'exprimer, $2\pi R^3$ étant le volume du cylindre :

Le volume du cône est le tiers du volume du cylindre de même rayon de base et de même hauteur, parce que **la surface volume génératrice du cône est le tiers de la surface volume génératrice du cylindre de même rayon de base et de même hauteur** (2).

En effet, pour obtenir les volumes respectifs du cylindre et du cône, nous faisons le produit des surfaces volumes génératrices de ces solides, par la constante $2\pi R$. Dès lors nous sommes en droit de dire : *Les volumes du cylindre et du cône, sont dans le rapport des volumes respectifs de leurs surfaces volumes génératrices.*

Le rapport de ces surfaces volumes génératrices étant :

$$\frac{Surface\ volume\ génératrice\ cylindre.}{Surface\ volume\ génératice\ cône.} = \frac{R^2}{\dfrac{R^2}{3}} = \frac{3}{1}$$

Les volumes cylindre et cône sont entre eux comme les nombres 3 et 1.

Nous avons donc établi les volumes des solides cylindre et cône, en fonction de leurs surfaces volumes de révolution respectives. *Ces surfaces volumes sont des volumes.* Nous vérifions ainsi, à nouveau, le principe essentiel de la « *Théorie du point* » : *Un volume se mesure par un volume.*

---

(1) Voir page 83 (fig. 51).

(2) NOTE DE L'AUTEUR. — La « Boîte de Géométrie » permet de montrer la matérialisation parfaite des démonstrations qui sont établies au cours de la « Théorie du Point ». En particulier les surfaces valeurs génératrices cylindre, cône et sphère, sont l'objet de constructions spéciales.

La « Boîte de Géométrie » complément logique de la « Théorie du Point » sera pour le professeur un précieux instrument de démonstration pratique.

P.-L. MONTEIL.

Nous avons dit que les formules des volumes des solides de révolution étaient exactes. Or. le volume de la sphère de même rayon et de même hauteur que le cône et le cylindre est :

$$\frac{4}{3} \pi R^3.$$

$$\text{Quand vol. cylindre} = 2\pi R^3,$$

$$\text{et vol. cône} = \frac{2}{3} \pi R^3.$$

Il résulte de la comparaison de ces formules que le volume de la sphère est : deux tiers volume cylindre. deux fois volume cône.

Or, nous avons établi que le rapport des volumes du cylindre et du cône est celui de leurs surfaces volume génératrices. Il faut donc démon'rer. que surface volume génératrice sphère. est les deux tiers de surface volume génératrice cylindre, le double de surface vol. génératrice cône.

$$\text{Or, surf. vol. générat. cylindre} = R^2.$$

$$\text{surf. vol. générat. cône} = \frac{R^2}{3}.$$

il faut démontrer que :

$$\text{Surface volume génératrice sphère} = \frac{2}{3} R^2.$$

Nous allons déterminer la surface volume génératrice de la sphère.

Considérons le parallélipipède rectangle OABCDA'B'C'D' (fig. 68). prenons les milieux O et O' des arêtes BD et B'D'. La ligne OO', représente la ligne axiale de rectangle BDB'D'.

Décrivons de O et O' comme centres. avec OB et O'B' pour rayons. deux demi circonférences. BED. B'E'D' ; nous aurons déterminé la surface volume d'un demi cercle.

Si nous menons le plan diagonal BA'DC'. ce plan diagonal décompose le parallélipipède ABCDA'B'C'D', en deux prismes égaux BA'ADCC', et A'BB'C'DD'. Mais ce plan coupe la surface volume demi cercle. et la décompose en deux surfaces volume BEE'DD' et BB'E'D.

Or, ces deux surfaces volume sont égales entre elles. et à surface volume quart de cercle. car nous pouvons assembler leurs éléments. homologues par rapport au plan OO'EE'. en posant :

$$\text{Surf. vol. BEE'O} + \text{surf. vol. BB'E'OO'} = \text{surf. vol. quart de cercle.}$$

$$\text{Surf. vol. EE'OD} + \text{surf. vol. EDD'OO'} = \text{surf. vol. quart de cercle.}$$

Lorsque nous transposons axe BD sur OO'. nous obtenons (fig. 69) :

Prisme $O_1AA'O'_1CC'$ pour surface volume génératrice du cylindre.

Menant le plan $O_1C'C$. nous obtenons :

Pyramide $O_1C'CO'_1$ pour surface volume génératrice du cône. $O_1E'EO'_1$ sera la surface volume génératrice de la sphère.

Cette dernière surface volume. nous l'appellerons *f scen volume*. En volume elle est égale à :

$$\frac{\textit{Surface volume demi cercle}}{2} = \frac{\pi R^2}{2 \times 2} = \frac{\pi R^2}{4}.$$

La *surface curviligne* $O_1E'EO'_1$. de ce fuseau. est égale à la demi surface de la demi circonférence BB'E'EDD' (fig. 68), donc :

$$\text{Surface curviligne } O_1E'EO'_1. \text{ (fig. 69)} = \frac{\pi R}{2}.$$

Si nous faisons tourner ce fuseau volume, il engendrera par sa rotation autour de $O_1O'_1$, une sphère, comme dans cette même rotation le prisme engendre le cylindre et la pyramide le cône. Nous obtiendrons le volume de la sphère en disant qu'il y a $2\pi R$ fuseau vol. $\dfrac{\pi R^2}{4}$ dans vol. sphère. Donc :

$$\text{Vol. sphère} = \frac{\pi R^2}{4} \times 2\pi R = \frac{\pi^2 R^3}{2}.$$

Nous obtenons ainsi, pour le volume de la sphère, la formule : $\dfrac{\pi^2 R^3}{2}$ différente de la formule acceptée : $\dfrac{4}{3}\pi R^3$.

Ces deux formules ne peuvent exprimer le même volume qu'à la condition que : $\dfrac{\pi^2 R^3}{2} = \dfrac{4}{3}\pi R^3$, c'est-à-dire que $\dfrac{\pi R^2}{4} = \dfrac{2 R^2}{3}$.

Or, nous avons exprimé en fonction du rayon du cercle, surface $\dfrac{R}{2}$, les surfaces volume de révolution cylindre, cône, et sphère, car :

$$\text{Surf. vol. génératr. cylindre} = R^2 = \frac{R}{2} \times 2R.$$

$$\text{cône} \quad = \frac{R^2}{3} = \frac{R}{2} \times \frac{2R}{3},$$

$$\text{sphère} \quad = \frac{\pi R^2}{4} = \frac{R}{2} \times \frac{\pi R}{2}.$$

Si nous considérons ces surfaces volume génératrices, les deux premières sont le produit de la surface $\dfrac{R}{2}$ du rayon par *des dimensions rectilignes*, la troisième est le produit de cette même surface par une *dimension curviligne*. Pour que les volumes cylindre, cône, et sphère, qui sont dans le rapport de leurs surfaces volumes génératrices, soient entre eux comme les nombres 3, 1 et 2, il faut exprimer les surfaces volumes génératrices *en fonction de quantités comparables entre elles, c'est-à-dire rectilignes toutes trois ou curvilignes toutes trois*.

Or, quand nous mesurons le rayon $\dfrac{R}{2}$ dans les surfaces génératrices prisme $O_1AVO'_1CC'$, et pyramide O_1CVV', *nous mesurons ce rayon dans les plans de comparaison du cube qui serait circonscrit à nos trois solides cylindre, cône et sphère ; cube dont les volumes, cylindre, cône et sphère, sont parties déterminées du volume ;* cube qui est notre parallélipipède rectangle origine. Les *volumes cylindre, cône et sphère, doivent donc se mesurer, en fonction du point élémentaire du cube circonscrit,* et les dimensions de ce point sont rectilignes.

Il est donc nécessaire pour que les volumes de nos trois solides soient comparables entre eux, que le rayon surface élémentaire de leurs surfaces volumes génératrices, *soit mesuré dans les plans du cube, c'est-à-dire que la surface volume génératrice de la sphère soit exprimée en fonction de dimensions rectilignes*.

Il nous faut donc démontrer l'identité de $\dfrac{\pi R}{4}$ et $\dfrac{2R^2}{3}$, *quand la surface volume génératrice de la sphère, est mesurée dans les mêmes plans que les surfaces volumes génératrices du cylindre et du cône*.

Nous ferons cette démonstration, en établissant d'abord que mesurées dans les mêmes plans que surface volume génératrice sphère, la surface volume génératrice du cône, est moitié de celle qui engendre la sphère, que la surface volume génératrice du cylindre, est les $\dfrac{3}{2}$ de celle qui engendre la sphère.

Puis, nous ferons la réciproque de cette double démonstration. Autrement dit nous démontrerons d'abord que :

$$\text{Vol. sphère} = \frac{\pi^2 R^3}{2},$$

$$\text{Vol. cône} = \frac{\pi^2 R^3}{4},$$

$$\text{Vol. cylindre} = \frac{3\pi^2 R^3}{4},$$

pour établir réciproquement que :

$$\text{Vol. sphère} = \frac{4}{3}\pi R^3,$$

$$\text{Vol. cône} = \frac{2\pi R^3}{3},$$

$$\text{Vol. cylindre} = 2\pi R^3,$$

et nous aurons ainsi établi que, $\dfrac{\pi R^2}{4}$ du premier cas, équivaut à $\dfrac{2R^2}{3}$ du second.

La figure 69 représente les trois surfaces volume génératrices, qui, se déplaçant dans le plan vertical, autour de l'axe $O_1O'_1$, et parcourant la surface du cercle de base $O_1CC'FG$, pour le prisme et la pyramide, parcourant la surface du cercle *équatorial* (1) O_2EKA_1M, pour le fuseau volume, engendrent par leur rotation les solides cylindre, cône, et sphère.

Nous pouvons considérer que :

Le *prisme* $O_1AA'O_2EE'$, moitié en volume du prisme $O_1AA'O'_1CC'$, engendrera par sa rotation autour de O_1O_2, un cylindre, moitié en volume, de cylindre engendré par prisme $O_1AA'O'_1CC'$;

La *pyramide curviligne* $O_1AA'EEO_2$, moitié en volume du fuseau volume $O_1EE'O'_1$, engendrera par sa rotation autour de O_1O_2, une demi-sphère ;

La *pyramide rectiligne* $O_1EE'O_2$, moitié (2) en volume de pyramide $O_1CC'O'_1$, engendrera un cône moitié en volume du cône engendré par pyramide $O_1CC'O'_1$.

Le cercle de base, décrit par ces trois surfaces volumes génératrices, est le grand cercle équatorial O_2EKA_1M.

Comparer les surfaces génératrices de cylindre, $\frac{1}{2}$ sphère, et cône, que nous venons de définir, c'est comparer les surfaces volume génératrices, doubles.

Or, nous possédons déjà, par l'étude précédemment faite, *de la détermination de la longueur de la circonférence*, les éléments nécessaires pour démontrer que :

Si surface volume génératrice cylindre, est égale à 3, surface volume génératrice sphère est égale à 2, surface volume génératrice cône est égale à 1.

En effet, pour démontrer que :

$$\text{Longueur arc AC} = \frac{\text{long. AD (devenue } F_1F_2 \text{)} + \text{long. A}a}{2} \quad \textit{(planche en couleurs)}, \text{ nous avons mesuré les}$$

sécantes moyennes de triangle AOD, et triangle AOa, quand les sécantes menées de O à AD interceptent sur la

---

(1) Nous appelons cercle équatorial, le plan du cercle O_2EKA_1M, parce que le plan de ce cercle, grand cercle de la sphère, est commun aux trois solides.

(2) Cette pyramide est le tiers du volume du prisme $O_1AA'O_2EE'$, lequel est, en volume, moitié du prisme $O_1AA'CC'O'_1$, dont pyramide $O_1CC'O'_1$ est le tiers du volume.

Nous vérifions, en comparant les projections de ces deux pyramides, moitié en volume, l'une de l'autre, que les projections homologues sont en surface dans le rapport de 1 à 2, sauf les surfaces de base O_2EE' et O'_1CC' qui sont égales. (Voir page 41 et table errata au sujet des volumes proportionnels.)

circonférence un point égal à $\frac{1}{2}$. Cette détermination des sécantes moyennes, nous a permis de comparer les surfaces de triangle F_1OF_2, triangle AOa, et secteur AOC, puisque ces sécantes sont respectivement en même nombre R, dans ces trois surfaces, et ainsi nous avons pu établir la longueur de arc AC en fonction de :

$$F_1F_2 = \frac{R\sqrt{3}}{2}, \text{ et } Aa = \frac{R\sqrt{2}}{2}.$$

Considérons ces sécantes moyennes : elles sont : OfF_1, pour triangle F_1OF_2, $Oc'C$ pour secteur AOC, Oa_1a_1, pour triangle AOa. Ces sécantes moyennes sont d'*épaisseur égale à 1*, ce sont des droites prismatiques, surfaces volume, dont les valeurs sont :

$$\text{Surf. vol. droite prismatique } OfF_1 = \frac{\sqrt{6}}{4} \times \frac{R\sqrt{6}}{4} \times 1 = \frac{3R}{8} \times 1.$$

$$— \quad \text{rayon} \quad — \quad Oc'C = \frac{1}{2} \times \frac{R}{2} \times 1 = \frac{R}{4} \times 1.$$

$$— \quad \text{droite} \quad — \quad Oa_1a_1 = \frac{\sqrt{2}}{2 \times 2} \times \frac{R\sqrt{2}}{2} \times 1 = \frac{R}{4} \times 1.$$

Le rapport de surfaces volume de ces sécantes, est le rapport des surfaces volume, *d'épaisseur égale à 1*, de triangle AOD (F_1OF_2), et secteur AOC, *quand ces surfaces volume sont mesurées dans les mêmes plans que le rayon du cercle*.

$$\text{Donc : } \frac{\text{Surf. triangle } AOD \, (F_1OF_2)}{\text{Surf. secteur } AOC} = \frac{\dfrac{3R}{8} \times 1}{\dfrac{R}{4} \times 1} = \frac{3}{2}.$$

$$\text{Or, le rapport } \frac{\text{Surf. tr. } AOD \, (F_1OF_2)}{\text{Surf. tr. } AOa} = \frac{\dfrac{3R}{8} \times 1}{\dfrac{R}{4} \times 1} = \frac{3}{2}.$$

C'est à dire que, *mesurées dans les mêmes plans que le rayon du cercle, surface triangle AOa = surface secteur AOC.*

Les rapports ainsi déterminés, seront ceux des surfaces doubles, c'est-à-dire surface carré $OADB$ (égale à deux surfaces triangles F_1OF_2), surface secteur $OACB$, et surface triangle OAB, *d'épaisseur égale à 1*.

Utilisant la proposition que nous venons de démontrer, que nous pouvons mesurer les surfaces volume génératrices cylindre, cône, et sphère en mesurant les surfaces génératrices moitié en volume, et nous reportant à fig. 70, nous dirons :

En créant les surfaces volume génératrices, prisme $BD'DOAA'$, et pyramide curviligne $BCAA'O$, nous avons déterminé deux surfaces volume, moitié en volume de carré $OADB$ et quart de cercle $OACB$, *d'épaisseur égale à 1*. Le rapport des surfaces volume, est resté le même, c'est-à-dire que surface volume génératrice cylindre et surface volume génératrice sphère restent telles, que la première est égale à $\frac{3}{2}$, quand la seconde est égale à 1.

Mais en menant dans prisme $BDD'OAA'$, le plan BAA', nous déterminons la pyramide $BAA'O$, qui est le tiers du volume du prisme $BDD'OAA'$, le tiers de la surface de triangle OAB *quand son épaisseur est égale à 1*. C'est cette pyramide, qui est la surface volume génératrice du cône. Comparée à la surface génératrice du cylindre, la surface génératrice de la sphère étant prise pour unité, la surface volume de pyramide sera $\frac{3}{2} \times \frac{1}{3} = \frac{1}{2}$, quand surface génératrice cylindre sera $\frac{3}{2}$ et surface génératrice sphère sera 1.

Nous obtenons donc, que les surfaces volume génératrices cylindre, sphère et cône, sont entre elles comme les nombres :

$$\frac{3}{2},\ 1,\ \frac{1}{2},$$

soit, réduisant au même dénominateur, et simplifiant comme les nombres :

$$3,\ 2.\ 1.$$

Passant des volumes des surfaces génératrices, aux volumes des solides, nous obtenons : le volume de la sphère étant pris pour unité :

$$\text{Vol. sphère} = \frac{\pi^2 R^3}{2},$$

$$\text{Vol. cylindre} = \frac{3\pi^2 R^3}{4},$$

$$\text{Vol. cône} = \frac{\pi^2 R^3}{4}.$$

Et nous serions en droit, prenant pour unité, la formule établie du volume du cylindre, $2\pi R^3$ de poser ;

$$\text{Surface vol. génératrice cylindre} = 1,$$

$$\text{d}^\circ \qquad \text{sphère} = \frac{2}{3},$$

$$\text{d}^\circ \qquad \text{cône} = \frac{1}{3}.$$

d'où nous déduirions :

$$\text{Vol. cylindre} = 2\pi R^3,$$

$$\text{Vol. sphère} = \frac{2\pi R^3 \times 2}{3} = \frac{4}{3}\pi R^3.$$

$$\text{Vol. cône} = \frac{2\pi R^3}{3}.$$

Ce serait faire la démonstration *algébrique* des propositions énoncées, nous allons faire la démonstration *géométrique* de ces propositions.

Soient les trois surfaces volume génératrices représentées (fig. 70) par *prisme* BDD'OAA': *pyramide curviligne* BCAA'O, *pyramide rectiligne* BAA'O.

Joignons le centre O, commun au grand cercle équatorial de projection AA', et à la pyramide curviligne. à tous les points *égaux à 1*, de la face curviligne BCAA'.

Nous déterminerons ainsi des rayons volume, qui décomposeront le volume de la pyramide curviligne. Ces rayons, sont des *pyramides quadrangulaires à base curviligne*, dont la surface de base. va diminuant de A en B, point où le rayon pyramide se réduit à la direction axiale OB.

Nous appellerons ces rayons pyramides, *rayons vecteurs volume*.

Supposons que nous fassions tourner tous ces rayons vecteurs volume, autour du point O. perpendiculairement au plan vertical, et dans des plans tels, que leur direction axiale prolongée, soit l'intersection de ces plans avec le plan vertical.

Le rayon pyramide OCCA, mené suivant la diagonale OD, décrira un grand cercle d'épaisseur égale à 1, épaisseur que nous négligeons, en disant que la trace de ce grand cercle, sera la direction axiale, diamètre CC'. Le rayon pyramide OA, décrira un grand cercle de projection AA_{1}; la direction OB, décrira un grand cercle axial, de direction BB'.

Les volumes ainsi décrits, représenteront deux quarts de sphère, dont les projections verticales sont respectivement secteur OACB et secteur $OA_{1}C'B'$. Il est aisé de se rendre compte, que la somme de ces deux quarts de sphère est égale à la demi-sphère de projection demi-cercle $ACBC''A_{1}$. Il suffit pour cela de rabattre autour de OA_{1}, le quart de sphère de projection secteur $OA_{1}C'B'$. *Mais nous démontrerons ci-après géométriquement cette égalité.*

Tous ces rayons vecteurs volume, couperont la pyramide rectiligne BAAO, et décomposeront son volume, en autant *de pyramides quadrangulaires rectilignes* que nous appellerons *vecteurs volume*, **qu'il y aura de rayons vecteurs volume dans la pyramide curviligne.**

Les vecteurs volume, tournant en même temps que les rayons vecteurs volume correspondants, détermineront deux demi-cônes, de projection respective triangles OAB, et $OA_{1}B'$, dont la somme sera égale à cône de projection ABA_{1}. Ce que nous démontrerons également ci-après, mais dont on peut se rendre compte par le rabattement indiqué ci-dessus.

Si nous considérons les projections de ces rayons vecteurs volume et vecteurs volume, la somme de leurs projections respectives est représentée par surface secteur OACB et surface triangle OAB. *Donc, nous additionnons les mêmes volumes engendrés, en faisant tourner les projections de ces rayons vecteurs et vecteurs volume autour de BO.*

Les rayon vecteur volume et le vecteur volume correspondant, sont dans la même surface volume, leurs projections sont dans la même surface. Si nous pouvions déterminer la surface du vecteur moyen, nous pourrions déterminer la surface du rayon vecteur moyen (fig 71).

Or, $Oa_{1}a_{1}$ est la sécante moyenne de surface triangle OAB, car surface $Oa_{1}a_{1} = \dfrac{R}{4}$ et il y a 2R de ces surfaces $\dfrac{R}{4}$ dans surface triangle OAB.

$$\text{Car, surf. tr. OAB} = \frac{R^{2}}{2} = \frac{R^{2}}{4} \times 2R.$$

La surface du rayon vecteur correspondant, à secteur $Oa_{1}a_{1}$, est triangle $OC_{1}C_{1}$, dont la **surface** est : $\dfrac{R}{2}$, $\dfrac{R}{2}$, s'il y a 2R surface, $\dfrac{R}{4}$ dans surface triangle, il y aura 2R surface, $\dfrac{R}{2}$ dans surface vecteur.

Le rapport de ces sécantes moyennes, nous donne le rapport des rayons vecteurs et vecteurs moyens et par conséquent le rapport des surfaces volume génératrices, cône et demi-sphère.

Le rapport des surfaces volumes génératrices, qui est le rapport des volumes sphère et cône, sera donc :

$$\frac{\dfrac{R}{2}}{\dfrac{R}{4}} = 2.$$

La surface volume génératrice du cône est moitié de la surface volume génératrice de la sphère, résultat que nous avons déjà obtenu.

Si nous reportant à *planche en couleurs*, nous cherchons la surface de la sécante moyenne qui mesurera le volume du prisme BDDOAA, fig. 70, par rapport aux sécantes moyennes de la pyramide curviligne et de pyramide triangulaire, nous trouvons que cette sécante moyenne est Ogg_{1}, dont la surface est $\dfrac{\sqrt{6}}{2} \times \dfrac{R\sqrt{6}}{4} = \dfrac{3R}{4}$.

Les trois surfaces volume génératrices, mesurées par les sécantes moyennes de leurs surfaces de projection, sont donc entre elles comme : $\dfrac{3R}{4}$, $\dfrac{R}{2}$, $\dfrac{R}{4}$, ou comme les nombres $\dfrac{3}{4}$, $\dfrac{1}{2}$, $\dfrac{1}{4}$.

C'est-à-dire comme les nombres $\dfrac{3}{2}$, 1, $\dfrac{1}{2}$.

Nous avons donc démontré que les surfaces volumes génératrices cylindre, sphère et cône, mesurées *dans les plans du rayon de la sphère*, sont entre elles comme les nombres $\dfrac{3}{2}$, 1 et $\dfrac{1}{2}$, c'est à dire que

$$\text{Vol. sphère} = 1,$$
$$\text{Vol. cylindre} = \frac{3}{2},$$
$$\text{Vol. cône} = \frac{1}{2}.$$

Or, volume sphère mesuré dans les plans du rayon du cercle a pour mesure : $\dfrac{\pi^2 R^2}{2}$.

$$\text{Donc, vol. cylindre} = \frac{3}{2} \cdot \frac{\pi^2 R^2}{2} = \frac{3\pi^2 R^2}{4},$$
$$\text{vol. cône} = \frac{\pi^2 R^2}{4}.$$

Nous allons maintenant démontrer géométriquement la réciproque.

A cet effet, nous allons établir que les deux quarts de sphère de projection secteurs OACB et OA,CB' sont égaux à demi sphère de projection demi cercle OACBC'A,, et que les deux demi-cônes, de projection triangles OBA et OA,B', sont égaux à cône de projection ABA, (fig. 70 et fig. 71).

Quand nous rabattons, volumes de projections secteur OA,CB, et triangle OA,B', autour de OA, sur projections, secteur OBC'A, et triangle OBA,, le point C vient en C', le point a vient en a'.

Or, demi-cercle de projection ACBA, représente la projection géométrique de demi sphère, dont le volume serait engendré par une série de *droites prismatiques*, telles OA, de hauteur 1, rayon d'un grand cercle qui est le cercle équatorial de la sphère, grand cercle dont la projection axiale est AA,, $c_0 C$, de hauteur égale à $\dfrac{\sqrt{2}}{2}$, rayon d'un petit cercle de projection axiale CC'', etc. (fig. 71).

Volume demi-sphère, est donc engendré par des rayons prismatiques, de volume variable, depuis le grand cercle équatorial jusqu'au cercle qui se réduit au point axial B.

De même, le volume du cône est engendré par une série de droites prismatiques, qui décrivent des cercles de volume variable, depuis grand cercle équatorial de rayon OA, jusqu'au cercle qui se réduit au centre axial B, en passant par le cercle de rayon droite prismatique $a a$, de hauteur égale à $\dfrac{1}{2}$.

Nous pouvons trouver parmi ces cercles, le cercle moyen de la demi sphère, et du cône, en déterminant le rayon moyen qui les décriraient. Or, comme secteur OACB et triangle OAB représentent la somme des projections de ces rayons prismatiques, en admettant comme précédemment, que les surfaces de projection tournant autour de BO, décriront demi-sphère et cône, nous pourrons déterminer les rapports des surfaces volumes génératrices demi sphère, et cône, en déterminant le rapport des surfaces des rayons moyens dans surface secteur et surface triangle.

Or, pour que les volumes décrits dans le premier cas, savoir : deux quarts de sphère, de projections secteurs OACB et OA,CB', et deux demi-cônes, de projections triangles OAB et OA,B', soient égaux à demi-sphère de projection demi cercle OACBC'A,, et cône de projection ABA, il faut et il suffit, que les surfaces des rayons prismatiques moyens de demi sphère et cône, soient entre elles dans le même rapport que les sécantes moyennes O$c_0 c$ et O$a_0 a_0$; ce rapport est : $\dfrac{\text{Surf. } Oc_0 c}{\text{Surf. } Oa_0 a_0} = 2$.

Or, la composante horizontale de diagonale triangulaire Oc_4c_4 (fig. 71), est la droite Cc_3 dont la surface est : $\dfrac{\sqrt{2}}{2} \times \dfrac{R\sqrt{2}}{2} = \dfrac{R}{2}$.

La composante horizontale de diagonale triangulaire Oa_4a_4, est : aa_3 dont la surface est :

$$\frac{1}{2} \times \frac{R}{2} = \frac{R}{4}.$$

Le rapport de ces surfaces est : $\dfrac{\frac{R}{2}}{\frac{R}{4}} = 2$.

Donc, les surfaces verticales Cc_3 et aa_3 sont les rayons moyens *pris en surface*, qui mesurent les volumes respectifs des surfaces génératrices demi-sphère et cône. Ces surfaces volume génératrices sont entre elles comme les nombres 2 et 1, donc les volumes demi sphère et cône sont entre eux comme 2 et 1. Donc, les volumes doubles sphère et cône sont entre eux comme les nombres 2 et 1.

Nous reportant à la *Planche en couleurs*, nous aurons dans la surface F_4F_3, la composante (1) horizontale de diagonale triangulaire Off_4, sa surface est : $\dfrac{\sqrt{3}}{2} \times \dfrac{R\sqrt{3}}{2} = \dfrac{3R}{4}$.

Nous obtenons pour rapport des volumes cylindre, sphère et cône, le rapport des surfaces $\dfrac{3R}{4}$, $\dfrac{R}{2}$ et $\dfrac{R}{4}$. C'est à dire que ces volumes sont entre eux comme les nombres 3, 2 et 1.

Or, ces composantes horizontales F_4F_3, Cc_3, aa_3, qui par le rapport de leurs surfaces mesurent le rapport des volumes, sont mesurées par rapport aux plans de comparaison OA et OB, qui sont les plans de comparaison du cube circonscrit aux trois solides.

Nous sommes donc en droit d'écrire que les volumes cylindre, sphère et cône indistinctement mesurés dans les plans du rayon OC, ou dans les plans du cube circonscrit, restent dans un rapport constant et nous pouvons écrire :

$$\text{Vol. cylindre} = 2\pi R^3.$$
$$\text{Vol. sphère} = \frac{4}{3}\pi R^3.$$
$$\text{Vol. cône} = \frac{2\pi R^3}{3}.$$

La détermination des horizontales moyennes, nous a permis de déterminer le rapport des surfaces demi génératrices cylindre, cône et sphère. Nous avons dit que la somme des projections des rayons dynamiques moyens, représentait des surfaces de projections, qui, tournant autour de Bo, pourraient engendrer le cylindre, la demi sphère, le cône. Or, les rayons moyens sont entre eux comme les nombres 3, 2 et 1, il importerait de définir les surfaces correspondantes à ces rayons moyens qui peuvent engendrer ces solides; elles doivent être entre elles comme les nombres 3, 2 et 1; de plus ces surfaces doivent être mesurées dans les plans du cube circonscrit, c'est à dire dans les plans de comparaison de traces OB et OA.

Pour mesurer ces surfaces dans les plans OB et OA, il faut les mesurer dans les mêmes plans que l'angle F_3OF_4, dont les côtés de l'angle droit sont OF_4, coïncidant avec direction OA, et F_4F_3, parallèle à OB. *Planche en couleurs*.

Nous chercherons la valeur des demi surfaces génératrices des solides considérés et nous dirons :

F_4F_3 et F_3F sont les composantes de hypothénuse triangulaire OfF_4.

---

(1) Nous mesurons ces diverses diagonales comme des droites triangulaires, et nous prenons pour valeur des composantes de ces diagonales, les composantes des diagonales rectangulaires. Le rapport des surfaces de ces composantes horizontales, reste le même, alors même que nous prenons la valeur double de leur surface.

Cherchons les composantes des hypothénuses Oc_1C et Oa_1a, elles sont respectivement :

$$CC'' \text{ et } OC''.$$
$$aN'_2 \text{ et } ON'_2.$$

Ces trois hypothénuses et leurs projections déterminent trois triangles, dont les surfaces sont :

$$\text{Surf. triang. } F_1OF_2 = \frac{3R^2}{8}.$$
$$COC'' = \frac{R^2}{4}.$$
$$aON'_2 = \frac{R^2}{8}.$$

Ces surfaces sont entre elles comme les nombres 3, 2 et 1 et également les surfaces doubles.

Nous constatons que surface secteur AOC, a pour mesure surface triangle COC'', $\frac{R^2}{4}$ est la surface de ce triangle. Or, mesuré dans les plans du rayon OC, secteur AOC avait pour surface $\frac{R}{4} \times R = \frac{R^2}{4}$, sa surface n'a donc pas changé. Elle reste toujours égale à $\frac{2}{3}$, surf. triangle F_1OF_2.

Mais, mesuré dans les plans du rayon par sécante moyenne Oa_1a, surface triangle AOa, était égale à $\frac{R^2}{4}$; elle est remplacée par celle de triangle aON'_2, égale à $\frac{R^2}{8}$.

La cause de cette différence, nous la connaissons, nous l'avons exposée ci-dessus. $\frac{3R}{8}$, $\frac{R}{4}$ et $\frac{R}{4}$ étaient les surfaces mesurées par les sécantes moyennes, mais ces surfaces avaient une épaisseur commune égale à 1.

Mais lorsque ces surfaces deviennent représentations des surfaces volume de révolution cylindre, cône et sphère, elles participent aux variations de ces surfaces volume, par rapport aux surfaces volume primitives. Or, surfaces volume cylindre et sphère sont moitié des surfaces primitives, les surfaces qui les représentent resteront entre elles dans le rapport primitif. Au contraire, la surface génératrice du cône est le tiers de la surface primitive d'épaisseur égale à 1, la surface représentative devient moitié de la surface primitive.

Enfin, si nous considérons les côtés de l'angle droit des triangles OF_1F_2, OCC'', et OaN'_2, nous voyons que :

F_1F_2 est la projection verticale de $AD = R$, quand on fait de AD une corde de cercle.
CC'' est la projection verticale de arc AC.
$aN'_2 = \frac{R}{2}$, est la projection verticale de $Aa = \frac{AB}{2}$. Or, projection verticale $AB = R$.

Donc, quand nous mesurons les surfaces volume génératrices, par les surfaces qui les représentent, dans les plans du cube circonscrit, nous mesurons les côtés qui limitent ces surfaces, *par leurs projections*, dans les plans de comparaison OA et OB.

Et nous voyons en effet sur *planche en couleurs*, que longueur AD étant ramenée à F_1F_2, quand nous menons à AD des sécantes telles qu'elles interceptent sur arc AC un point égal à $\frac{1}{2}$, si nous menons à F_1F_2, R sécantes interceptant sur F_1F_2 au point égal à $\frac{\sqrt{3}}{2}$, la sécante OF_1F_1 interceptera sur arc AC, un point de projection verticale égal $Cc_1 = \frac{\sqrt{2}}{2}$, sur Aa un point de projection vertical $aa_1 = \frac{1}{2}$. Donc, quand nous comparons les surfaces représentatives des solides de révolution cylindre, cône, et sphère, à la surface représentative du cylindre. nous obtenons pour surfaces génératrices. les surfaces des e. triangles OF₁F₂. OCC″. OaX′. qui sont entre elles comme les nombres 3. 2 et 1.

Après avoir démontré que :

$$\text{Vol. sphère} \qquad \frac{\pi^3 R}{2}.$$

$$\text{Vol. cylindre} \qquad \frac{3\pi^3 R}{4}.$$

$$\text{Vol. cône} \qquad \frac{\pi^3 R^3}{4}.$$

Nous avons démontré que :

$$\text{Vol. cylindre} = 2\pi R.$$

$$\text{Vol. sphère} = \frac{4}{3}\pi R^3.$$

$$\text{Vol. cône} = \frac{2\pi R^3}{3}.$$

Nous avons donc démontré que $\dfrac{\pi R}{4} = \dfrac{2R}{3}$.

L'établissement des volumes des solides de révolution. en fonction de leur surface de révolution. nous apporte une preuve décisive que la longueur de arc AC $= \dfrac{1}{8}$ de la circonférence. est bien ainsi que nous l'avons établie: $\dfrac{R(\sqrt{3} + \sqrt{2})}{4}$ *(planche en couleurs)*. c'est à dire que *la longueur de la circonférence est une ligne de longueur finie*. le $\dfrac{1}{8}$ de la courbe étant égal à la $\dfrac{1}{2}$ somme des longueurs finies :

$$\frac{R\sqrt{3}}{2} + \frac{R\sqrt{2}}{2} \text{ soit } \frac{R(\sqrt{3} + \sqrt{2})}{4}.$$

En effet. il n'est pas douteux. d'une part. que $R\sqrt{2}$. ne soit la plus grande corde du cercle et la limite inférieure de la longueur de l'arc AC (1). Mais si la limite supérieure que nous avons démontré être. pour arc AC égale à $\dfrac{R\sqrt{3}}{2}$. était différente *en excès* ou *en défaut* de cette longueur. nous n'obtiendrions pas. pour le rapport des surfaces génératrices. les surfaces qui *sont* et *doivent être entre elles* comme les nombres 3. 2 et 1. Nous disons qui *doivent être*. car les mesures expérimentales les plus précises confirment les rapports des volumes des trois solides : cylindre. cône et sphère. En effet. si F_1F_2 est différent de $\dfrac{R\sqrt{3}}{2}$. la surface du triangle à substituer à AOD n'est plus égale à $\dfrac{3}{8}R$.

Et. ainsi se trouvent vérifiées *par l'expérience*. les indications de la « *Théorie du point.* »

Or. la géométrie orthodoxe ne peut invoquer de tels résultats. puisqu'il est impossible. avec son enseignement. *de mesurer les solides de révolution par la surface de révolution qui les engendre*.

La détermination de la longueur de la circonférence se trouve donc vérifiée par l'expérience. et la mesure de la circonférence. que nous avons demandée dans notre mémoire à l'Académie des Sciences (1). se trouve désormais sans objet. *La preuve est faite*. et la valeur de π est définitivement fixée. autant qu'un nombre incommensurable peut l'être. à $\sqrt{3} + \sqrt{2}$: valeur qui. désormais. n'a pas L'IMPORTANCE D'AUTREFOIS. puisque $\dfrac{\pi R}{2}$ est une *longueur graphiquement. géométriquement finie.*

CHAPITRE II

Objet : **Surface des solides de révolution** (1).

Ces surfaces sont au nombre de deux :

1° **Surface géométrique** ;
2° **Surface latérale.**

La *Surface géométrique* des solides de révolution, par définition, est la projection de leur surface de révolution, ou, de manière plus précise, le double de cette surface.

En effet, la surface géométrique d'un volume est la surface qui doit nous permettre d'obtenir le volume en fonction d'une troisième dimension. La projection de la surface d'un cylindre de rayon de base R, de hauteur 2R, est un carré de côté 2R d'épaisseur égale à 1.

$2R \times 2R \times 1 = 4R^2$ est la *surface géométrique* du cylindre (fig. 72). Pour trouver la troisième dimension qui nous permettra d'exprimer le volume, il nous suffit de diviser le volume par la surface géométrique :

$$\frac{2\pi R^3}{4R^2} = \frac{\pi R}{2}.$$

De même la *surface géométrique du cône*, de même base et de même hauteur que le cylindre, est un triangle moitié en surface de celle du carré projection du cylindre: sa surface est : $\dfrac{2R \times 2R}{2} = 2R^2$ (fig. 72).

La troisième dimension, qui nous permettra d'obtenir le volume, en fonction de la surface géométrique est : $\dfrac{2\pi R^3}{3 \times 2R^2} = \dfrac{\pi R}{3}$.

La *surface géométrique de la sphère* est le cercle de rayon R : sa surface est πR^2.

La troisième dimension, permettant d'obtenir le volume de la sphère, en fonction de la surface géométrique est : $\dfrac{4\pi R^3}{3\pi R^2} = \dfrac{4R}{3}$ (fig. 72).

Considérées sur les deux autres plans de projections, ces surfaces géométriques sont les mêmes, puisque les volumes circulaires sont symétriques, par rapport à tout plan passant par l'axe de rotation des surfaces génératrices de révolution.

2° Les *surfaces latérales* des solides circulaires ont une importance, que ne possèdent pas les surfaces latérales des solides rectilignes.

Dans les constructions mécaniques, en effet, ces surfaces représentent des surfaces de roulement, et la notion exacte du développement de ces surfaces est indispensable. Nous avons la conviction, que les démonstrations claires et précises de la « *Théorie du point* », apporteront aux constructeurs mécaniciens un concours précieux. En effet, jusqu'à ce jour, les mesures de développement de ces surfaces latérales reposaient sur la valeur de π, laquelle n'était pas exacte. Les mécaniciens ne l'ignoraient pas, puisqu'après

(1) Voir détail des matières à la table.

une construction quelconque, quelque parfaite qu'elle fût, il y avait un écart entre le calcul et l'exécution. Ne pouvant supprimer cette erreur, on l'avait acceptée sous le nom *d'erreur consentie*. Or, cette erreur consentie disparaît désormais, puisqu'une *construction graphique précise* peut donner la longueur *finie*, *précise*, de la circonférence, et que la valeur de $\pi = 3.14620...$ permet des calculs plus approchés, si non rigoureusement exacts.

Pour la mesure de ces surfaces latérales, nous procéderons toujours de la même manière uniforme : *nous chercherons la ligne volume, qui dans la surface de révolution génératrice des solides, engendre la surface latérale ou extérieure de ces solides.*

Dans le prisme O_1AVOCC', surface volume génératrice du cylindre, la ligne qui, par sa rotation à la distance, R, de O_1O, engendre la surface latérale du cylindre, est la ligne $ACAC'$. Sa hauteur est $AC = 2R$ (fig. 73).

La dimension L de cette ligne, est la dimension du point du rayon curviligne, elle est égale à 1 ; son épaisseur $e = 1$ est l'épaisseur de la ligne circonférence. Sa surface volume est donc :

$$H \times 1 \times 1 = H. \quad \text{Or, } H = 2R.$$

Il y a $2\pi R$ de ces lignes dans la surface latérale du cylindre. Donc :

$$\textit{Surf. latérale cylindre} = 2R \times 2\pi R = 4\pi R^2.$$

La *surface latérale du cône* est engendrée par la ligne triangulaire à base curviligne $O_1C'C$ (fig. 73). La longueur linéaire de cette droite triangulaire est égale à $R\sqrt{5}$. La *surface plane* qui mesure sa surface curviligne, est la moitié de la surface de la ligne quadrangulaire de même longueur soit : $\dfrac{R\sqrt{5} \times 1}{2} = \dfrac{R\sqrt{5}}{2}$.

Il y a $2\pi R$ lignes de surface $\dfrac{R\sqrt{5}}{2}$, dans la surface latérale du cône : d'où :

$$\textit{Surf. latérale cône} = \frac{R\sqrt{5}}{2} \times 2\pi R = \pi R^2\sqrt{5}.$$

La surface latérale de la sphère est engendrée par la ligne curviligne $O_1BB'O$ tournant autour de l'axe O_1O. Or, cette ligne est, en surface volume, égale à la moitié de la surface volume ligne demi-circonférence, dont la surface volume est $\pi R \times 1 \times 1$ (fig. 73).

La surface de la ligne $O_1BB'O$ sera donc :

$$\frac{\pi R \times 1 \times 1}{2} = \frac{\pi R}{2}.$$

Il y a $2\pi R$ de ces lignes dans la surface latérale de la sphère, d'où :

$$\textit{Surface latérale sphère} = \frac{\pi R}{2} \times 2\pi R = \pi^2 R^2.$$

D'où les formules générales des surfaces latérales des solides de révolution.

$$\text{Surf. latérale cylindre} = 2\pi R \times H.$$
$$\text{Surf. latérale cône} = \pi R a.$$

en appelant a l'arête du cône.

$$\text{Surf. latérale sphère} = \pi^2 R^2.$$

Or, *si sous la réserve de la valeur de* π, les formules des surfaces latérales du cylindre et du cône, sont celles établies par la géométrie orthodoxe, *il n'en est pas de même de la surface latérale de la sphère, que la géométrie actuelle admet comme étant égale à celle du cylindre, circonscrit à la sphère, soit égale à $4\pi R^2$.*

Il n'est pas besoin de long raisonnement pour démontrer que *la surface latérale de la sphère ainsi exprimée est fausse.*

Soit un cylindre (1) ABCD (fig. 74). Inscrivons dans ce cylindre une sphère de même hauteur.

Menons parallèlement à la base CD, des plans parallèles équidistants. Nous déterminerons dans le volume du cylindre une série de cercles qui seront des surfaces volume de même épaisseur.

L'intersection de ces cercles, avec le cylindre, donnera des circonférences de longueur égale, d'épaisseur égale. Soit 1, cette épaisseur. $\pi R^2 \times 1 = 1$ sera la surface volume de chacun de ces cercles; leur surface latérale sera $2\pi R \times 1$.

Ces mêmes plans couperont le volume de sphère et détermineront des cercles de même hauteur, mais dont *la longueur de circonférence sera fonction du rayon.*

Or, le cercle de base CB du cylindre intercepte sur la sphère un cercle qui a pour surface volume une quantité infiniment petite, représentée par le centre axial du point O, la circonférence de ce cercle est donc égale à une longueur infiniment petite. Il est aisé de voir que les longueurs des circonférences de ces cercles parallèles, augmentent de O à GH, puis diminuent de GH à O, puisque ces longueurs sont fonctions du rayon du cercle intercepté et que ce rayon va en augmentant, depuis une valeur infiniment petite, jusqu'à R = OG.

Or, les intersections de tous ces plans, déterminent la surface latérale de la sphère, DONC LA SURFACE DE CELLE-CI NE PEUT ÊTRE ÉGALE A LA SURFACE LATÉRALE DU CYLINDRE. *Elle est plus petite que la surface latérale du cylindre.*

C'est ce qu'indique la formule $\pi^2 R^2$ que nous avons établie.

Le rapport des deux formules montre que $\pi^2 R^2$ est $<$ que $4\pi R^2$, surface latérale du cylindre

$$\text{Car. } \frac{4\pi R^2}{\pi^2 R^2} = \frac{4}{\pi} = \frac{4}{3,1462}.$$

$$\text{Or, } 3,1462... < 4.$$

(1) Représenté en projection verticale.

CHAPITRE III

Généralités sur les solides de révolution. — **Assimilation des solides rectilignes a des solides de révolution** (1).

Nous ferions par les mêmes formules, la mesure du cylindre oblique, du cône oblique, en prenant pour surfaces génératrices les surfaces rectangulaires projections des surfaces obliques.

Ces mesures ont une analogie complète avec la mesure du prisme et de la pyramide obliques.

Nous avons démontré qu'on peut assimiler le cercle à un volume de révolution. Or, le cercle se mesure par des secteurs qui sont des triangles à base curviligne.

Un triangle est donc lui même une surface de révolution dont la surface génératrice est la ligne triangulaire, hauteur, prise en surface volume. Surface volume triangle, est égale au produit de la surface volume de la hauteur, par le nombre de points contenus dans la base, c'est-à-dire par la base.

$$\text{Surf. vol. triangle} = \text{surf. vol. H} \times \text{B.}$$

$$\text{et surf. vol. H} = \frac{1}{2} \times \text{H} \times 1 = \frac{\text{H}}{2}.$$

Un polygone régulier est un solide de révolution, déterminé par la rotation autour du centre de la base, de la surface du triangle de décomposition. Si ce polygone est un hexagone par exemple, il a pour mesure :

$$\text{Surf. tr. décomposition} \times 6.$$

$$\text{Soit,} \quad \frac{\text{R}\sqrt{3}}{2} \times \frac{\text{R}}{2} \times 6 = \frac{6\text{R}^2 \times \sqrt{3}}{4} = \frac{3\text{R}^2\sqrt{3}}{2}.$$

Mais l'hexagone n'est lui même qu'un prisme élémentaire. Ce prisme est donc un solide de révolution. La pyramide est elle même un solide de révolution.

RÉVISION DE LA THÉORIE DU POINT

PREMIÈRE PARTIE

La « *Théorie du point* » admet comme **postulatum** *une vérité naturelle* qui est : *La nature ne présente à notre étude que des volumes.* — Conclusion : *Un volume ne peut se mesurer que par un volume élémentaire pris pour unité.*

Le volume rectiligne étant le plus facile à représenter, à mesurer, la « *Théorie du point* » prend le parallélipipède rectangle comme forme la plus simple du volume. Le cube est la forme élémentaire du parallélipipède rectangle.

De la discussion de la formule *algébrique* exprimant le volume du parallélipipède rectangle :

$V = L \times H \times E$, se dégagent les notions *algébriques :*

> de la surface volume.
> de la ligne volume.
> du point volume.

et aussi la définition de l'unité de volume élémentaire, le point, unité de mesure de la ligne volume, de la surface volume, du volume du parallélipipède rectangle.

De la discussion *géométrique* du parallélipipède rectangle se dégagent les formes *géométriques :*

> de la surface volume.
> de la ligne volume.
> du point volume.

Cette discussion permet de déterminer les *dimensions* qui servent à la mesure du parallélipipède rectangle, c'est-à-dire du volume ; et, subsidiairement, les *dimensions* des éléments surface volume, ligne volume, point volume, qui entrent dans la composition du volume parallélipipède rectangle.

L'exposition des matières de ces chapitres préliminaires, oblige à employer pour la définition de ces différents volumes, des expressions telles que celles de : *plans et droites perpendiculaires, parallèles,* dont les propriétés sont précisées dans les chapitres suivants.

Une loi importante clôture le chapitre IV, c'est la **loi des dimensions,** qui s'exprime :

Les dimensions qui servent à la mesure d'un volume puisque tous les volumes peuvent être ramenés à celui du parallélipipède rectangle de même valeur, *sont astreintes à la dépendance d'être les traces de trois plans perpendiculaires entre eux.*

La ligne, la surface, sont des éléments du parallélipipède rectangle, elles doivent se mesurer avec la même unité de mesure que le parallélipipède rectangle lui-même. Cette unité est le *point cubique,* dont les trois dimensions sont égales à 1.

La mesure de la *ligne droite verticale ou horizontale*, nous montre que la ligne, considérée comme une surface plane, est la sommation H, ou L, de points de surface : $1 \times 1 = 1^2$; considérée comme ligne parallélipipède rectangle, elle est la sommation H, ou L points, de volume : $1 \times 1 \times 1 = 1^3$.

H, et L, regardés jusqu'à ce jour comme représentant des longueurs géométriques, appelées lignes droites, sont des notations algébriques substituées à des valeurs arithmétiques.

La représentation géométrique d'une ligne droite, est une ligne abstraite substituée, à un rectangle contenant H ou L, points carrés, ou à un parallélipipède rectangle contenant H ou L points cubiques.

L'étude de la *droite inclinée*, montre que toute droite se mesure par ses projections sur deux plans perpendiculaires entre eux passant par ses extrémités, plans assujettis à la dépendance d'être parallèles aux plans de projection du parallélipipède rectangle auquel la droite appartient. Ces projections se mesurent par le point élémentaire du parallélipipède rectangle.

Cette démonstration fait apparaître la différence entre la *longueur linéaire d'une droite* et sa *projection*.

Vérification est faite, ultérieurement, qu'une droite se mesure par ses projections, dans l'étude de la mesure des surfaces, où est établi ce principe : *qu'une droite n'entre dans la mesure de la surface qu'elle limite, que par la valeur de sa projection.*

La mesure des surfaces rectilignes procède des mêmes principes que la mesure des lignes droites.

La formule algébrique d'une surface, considérée comme surface plane, exprime le nombre de points carrés qu'elle contient.

$$S = L \times H \times 1^2 = L \times H.$$

Cette surface, étant considérée comme surface volume, a pour mesure : $S = L \times H \times 1^3$, exprimant le nombre de points cubiques qu'elle contient.

Une surface limitée conventionnellement par des lignes abstraites, est en réalité limitée, en surface plane, par les lignes rectangles au parallélogramme, en surface volume, par des lignes parallélipipèdes.

La notion de la surface volume permet à la « *Théorie du point* » de solutionner très simplement la mesure des volumes.

$$V = L \times H \times E \times 1^3 = L \times H \times E.$$

Deux propositions capitales communes à la mesure des lignes, des surfaces, et des volumes, facilitent à la « *Théorie du point* » la détermination *géométrique* du volume de la pyramide.

Ces deux propositions sont :

1 Deux droites, deux surfaces, deux volumes de même mesure, ont des projections homologues égales sur les plans de comparaison;

Réciproquement : à des projections homologues égales sur les plans de comparaison, correspondent des lignes, surfaces, volumes de même mesure.

2 Deux projections sur les plans de comparaison suffisent à déterminer une ligne, une surface, un volume.

Grâce à ces deux propositions la « *Théorie du point* » établit que la formule du volume de la pyramide est :
$$\frac{B}{3} \times H, \text{ et non } B \times \frac{H}{3}.$$

Il est aisé de se rendre compte que la proposition L ci-dessus, s'applique aux lignes surfaces, et volumes proportionnels, et la réciproque à leurs projections.

La fin de la première partie est consacrée à démontrer qu'algèbre, arithmétique, géométrie sont une seule et même Science.

La table de Pythagore, la construction géométrique des expressions $(a + b)^2$, $(a + b)^3$, démontrent que la surface, le volume, sont des sommations de points, et qu'une expression algébrique n'a de valeur que si elle peut être exprimée par une construction géométrique.

La géométrie par ses constructions nous permet de comparer **à la vue** les lignes, les surfaces, les volumes ; l'arithmétique et l'algèbre nous permettent *d'exprimer le résultat de ces comparaisons*. Un arpenteur qui mesure sur le terrain un rectangle, compare géométriquement les deux côtés L et H de ce rectangle ; mais le résultat de cette comparaison ne s'impose à nous, n'a de signification, qu'autant que nous avons introduit entre ces deux longueurs L et H, une commune mesure, qui est *le mètre*. Le produit L × H est en réalité L × 1 $(H \times 1^m) = L \times H \times 1^{mq}$, c'est-à-dire *que nous exprimons en mètres carrés, la surface du rectangle mesurée par l'arpenteur*. **Le mètre carré, est donc la mesure élémentaire du rectangle du terrain, c'est un point carré de 1^m de côté.** Et ainsi par la pratique nous vérifions les indications de la « *Théorie du point* ».

DEUXIÈME PARTIE

Après avoir défini la circonférence par ses propriétés générales, la « *Théorie du point* » montre comment le quart de la circonférence est une longueur rectiligne, dont la limite inférieure serait le côté du carré inscrit.

Pour comparer le quart de la circonférence au côté du carré inscrit, il faut mesurer ce dernier. Ce côté est l'hypothénuse d'un triangle isocèle rectangle dont les côtés de l'angle droit, c'est à dire les projections, égales entre elles, et à R, rayon du cercle, sont connues.

Le problème est donc : *Mesurer une droite inclinée en fonction de ses projections*.

Mesurer une hypothénuse en fonction de ses projections égales à R, c'est *algébriquement* exprimer la valeur de cette hypothénuse en fonction du nombre de points constant, R, contenu dans ses projections, c'est-à-dire déterminer la valeur arithmétique du point de l'hypothénuse, telle que le nombre de points contenus dans cette hypothénuse soit égal à R ; c'est *géométriquement* construire, la longueur et la surface de cette hypothénuse, en fonction de la longueur et de la surface de ses projections égales.

La mesure d'une hypothénuse en fonction de ses projections comporte deux cas :

1° *Les deux projections sont égales entre elles et à R ;*

1° *Les deux projections sont inégales tout en restant reliées par la constante R.*

La Théorie orthodoxe, pour laquelle R est seulement une droite abstraite, déduit la longueur abstraite de l'hypothénuse de la formule : $hy^2 = R^2 + R^2$.

Or, cette formule a pour unique signification, qu'une surface est égale à la somme de deux surfaces.

La « *Théorie du point* » étudie successivement les deux cas, des projections égales et inégales de l'hypothénuse.

Elle démontre par l'étude du carré de côté R, que la dimension du point de la diagonale est égale à la *valeur conventionnelle arithmétique* $\sqrt{2}$, que la longueur algébrique de la diagonale est $R\sqrt{2}$; que géométriquement, la diagonale est égale en surface, à la somme de ses projections, que son point est égal, en surface, à la somme des points des projections, c'est à dire que la surface de la diagonale est 2R, que son point a pour surface : $2 = (\sqrt{2} \times \sqrt{2}) = 1^2 + 1^2 = 1 + 1$.

Le carré construit sur la diagonale sera donc double du carré de côté R, puisque le point élémentaire du premier carré aura pour surface 2, quand celle du second est 1.

Algébriquement, géométriquement l'hypothénuse a même longueur que la diagonale, mais sa surface est moitié de celle de la diagonale.

La discussion montre, qu'on peut employer pour calculer l'hypothénuse, la formule $hy^2 = R^2 + R^2$ qui donne $hy = R\sqrt{2}$, mais la surface de cette ligne $R\sqrt{2} \times \sqrt{2} = 2R$, est double de sa valeur réelle, car elle est la surface de la diagonale du carré de côté R.

Or, pour la mesure des droites du cercle, ou qui dépendent du cercle, lesquelles droites doivent s'exprimer en fonction de la constante R, laquelle constante *géométriquement* est une surface, (la « *Théorie du point* » établit dans la suite que ces droites sont *des surfaces*, et doivent être mesurées comme telles), il est indispensable *de les mesurer à leur valeur véritable, et pour cela, il faut savoir tenir compte si elles sont des diagonales, ou des hypothénuses.*

La « *Théorie du point* » vérifie la valeur du point de la diagonale, par celle du point parallélogramme, intersection de l'hypothénuse avec ses projections égales. Conclusion : *les points intersection d'une diagonale avec ses projections sont des points de la diagonale, donc ils sont égaux.*

Passant à la construction d'une hypothénuse dont les projections sont inégales, la « *Théorie du point* » montre que cette hypothénuse a même longueur linéaire que la diagonale du rectangle de surface double que le triangle considéré. Mais, si la longueur linéaire de la diagonale peut être obtenue par la construction de ce rectangle, *la surface géométrique de la diagonale ne peut être réalisée.*

Une discussion approfondie montre que cette diagonale doit se mesurer dans le carré de même diagonale que le rectangle.

C'est à la seule condition, que la diagonale soit mesurée dans le carré de même diagonale que le rectangle, que les points intersection de la diagonale avec ses projections seront égaux entre eux et au point de la diagonale.

L'hypothénuse d'un triangle rectangle quelconque, est égale, en longueur linéaire, à celle du rectangle de surface double, elle est la moitié de la surface de la diagonale du carré de même diagonale que le rectangle.

Le triangle rectangle isocèle, ainsi substitué au triangle rectangle quelconque, est plus grand que ce dernier en surface superficielle, mais les surfaces réelles ou géométriques, les surfaces volume de ces deux triangles sont égales.

L'application des formules établies, permet d'obtenir *algébriquement* l'hypothénuse d'un triangle rectangle quelconque en longueur et surface, mais en outre, la « *Théorie du point* », donne le moyen de construire *géométriquement* cette hypothénuse en surface, en **la transposant** suivant la diagonale du carré, construit sur le plus grand côté de l'angle droit du triangle.

Dans son ensemble, cette onzième proposition de la mesure de l'hypothénuse, est d'importance capitale au point de vue algébrique et géométrique, puisqu'elle aura pour conséquence de permettre de comparer le rayon du cercle, qui est une surface et une hypothénuse, à toutes les sécantes, elles mêmes surfaces et hypothénuses, menées du centre du cercle à tous les points des côtés des carrés circonscrit et inscrit.

Désormais, il est possible, considérant qu'une ligne quelconque est une hypothénuse, de déterminer la surface d'une ligne quelconque exprimée en fonctions de la constante R. La dimension du point de la droite est toujours le coefficient numérique de la constante. Il est inutile d'insister, pour rappeler que le théorème de la géométrie orthodoxe, dit : du carré construit sur l'hypothénuse, démontre que cette hypothénuse se mesure dans le carré de même diagonale.

Après avoir mesuré le côté du carré inscrit, limite inférieure de l'arc quart de circonférence, la « *Théorie du point* » recherche la droite extérieure à cet arc, à laquelle il pourrait être comparé. La discussion géométrique montre que cette ligne, enveloppante par rapport à l'arc, est constituée par les deux tangentes menées aux extrémités de cet arc, tangentes qui déterminent avec les rayons aboutissant en ces points, un carré.

La théorie montre que la surface de ce carré peut être mesurée par une droite triangulaire de surface $\frac{R}{2}$, et il y a 2R de ces surfaces dans la surface du carré. Ces droites sont des sécantes du carré. Or, deux de ces sécantes sont communes au carré et au secteur $\frac{1}{4}$ de cercle: elles sont égales à la $\frac{1}{2}$ surface de la droite rectangulaire R, acceptée jusque là, comme rayon du cercle. De même le rayon qui se confond avec la diagonale triangulaire du carré, a pour surface $\frac{R}{2}$. Il faut, pour qu'il en soit ainsi, que le point curviligne qui limite le rayon, soit égal à 1, c'est-à-dire à la dimension du point élémentaire du carré de côté R.

La « *Théorie du point* » fait cette démonstration, en transformant une droite rectangulaire de longueur R, de surface R, en *une droite triangulaire à base curviligne, de longueur R, de surface $\frac{R}{2}$*.

Trois points de la circonférence étant égaux à 1, il faut que tous les points de la courbe soient égaux à 1, ce qui se vérifie en construisant les coordonnées rectangulaires des différents points de la courbe.

Les points de la courbe étant égaux à 1, $\frac{R}{2}$ est la surface du rayon, *lequel rayon ne peut plus être une droite abstraite, mais une surface: $\frac{R}{2}$* devient donc la mesure élémentaire du cercle, il ne peut plus dès lors être la mesure élémentaire du carré. Or, pour mesurer *géométriquement* le rayon du cercle, comme une surface égale à $\frac{R}{2}$, il faut mesurer cette surface dans des plans qui se transposent constamment: il faudra donc mesurer dans les mêmes plans, les sécantes prolongement de ces rayons, qui joignent le centre du cercle aux différents points des tangentes, côtés du carré circonscrit.

La théorie démontre que le problème à résoudre est de définir la valeur des points des sécantes menées aux différents points des tangentes, telles qu'elles interceptent sur la circonférence un point égal à $\frac{1}{2}$.

La théorie, par la notion de la *projection rayonnante*, détermine la valeur du point de la sécante moyenne du triangle rectangle isocèle, moitié du carré. Ce point a pour surface $\frac{3}{4}$, sa dimension est $\frac{\sqrt{3}}{2}$; la surface de la sécante est $\frac{3R}{8}$. Cette sécante est une hypothénuse, dont les projections, égales entre elles, ont pour longueur linéaire $\frac{R\sqrt{3}}{2}$. $\frac{R\sqrt{3}}{2}$ *est la longueur réelle de la tangente égale à R, quand les sécantes, menées du centre du cercle à tous les points de cette tangente, interceptent sur la circonférence un point égal à $\frac{1}{2}$*.

$R\sqrt{3}$ est la longueur réelle de deux tangentes égales à 2R, en longueur, quand la sécante moyenne du carré intercepte sur la circonférence un point égal à 1.

$R\sqrt{3}$ et $R\sqrt{2}$ sont deux longueurs auxquelles on peut comparer arc quart de circonférence. Mais ces deux longueurs, exprimées en fonction de la constante R, ont des points égaux à $\sqrt{3}$ et $\sqrt{2}$, parce que nous faisons le point de la courbe égal à 1.

Or, nous avons pris pour unité de mesure le point de la tangente, c'est-à-dire, le point tel que ses dimensions soient parallèles aux plans de comparaison, il importe de revenir à cette convention, qui est la loi des dimensions, de manière à pouvoir, dans la suite, comparer la circonférence et la surface du cercle aux lignes et aux surfaces rectilignes mesurées en conformité de cette loi.

Or, l'arc $\frac{1}{8}$ de circonférence est compris entre deux longueurs $\frac{R\sqrt{3}}{2}$ et $\frac{R\sqrt{2}}{2}$; ces lignes contiennent respectivement $\frac{R\sqrt{3}}{2}$ et $\frac{R\sqrt{2}}{2}$ points égaux à 1. On pourrait exprimer le nombre de points égaux à 1, contenus dans arc $\frac{1}{8}$ de circonférence, si l'on peut démontrer que l'arc est également éloigné de ces deux longueurs,

La « *Théorie du point* » démontre de plusieurs manières cette importante proposition.

Les longueurs $\frac{R\sqrt{3}}{2}$, $\frac{R\sqrt{2}}{2}$, et la longueur cherchée de l'arc, limitent des surfaces qui sont dans le rapport des droites élémentaires qui les mesurent. Ces surfaces élémentaires sont respectivement $\frac{3R}{8}$, $\frac{R}{4}$ et $\frac{R}{4}$; elles sont en nombre R dans les surfaces triangles et secteur. Or, ces droites, qui sont les sécantes moyennes, sont représentées par des portions définies de la surface de la diagonale triangulaire du carré. Dans, cette surface, le centre axial du point du rayon, est également éloigné des centres axiaux des points des droites de surface : $\frac{3R}{8}$ et $\frac{R}{4}$. Donc, tous les points de la courbe $\frac{1}{8}$ circonférence, sont également éloignées des points des droites $\frac{R\sqrt{3}}{2}$ et $\frac{R\sqrt{2}}{2}$. Donc, la longueur rectiligne de l'arc $\frac{1}{8}$ circonférence, est la base moyenne d'un trapèze, dont les bases parallèles sont $\frac{R\sqrt{3}}{2}$ et $\frac{R\sqrt{2}}{2}$. Cette base moyenne a donc pour mesure : $\frac{R(\sqrt{3}+\sqrt{2})}{4}$.

Pour compléter cette démonstration, la « *Théorie du point* » *construit ce trapèze*, et utilisant le principe que toute ligne exprimée linéairement par un nombre incommensurable, coefficient de la constante R, est une surface, montre en faisant la différence des surfaces, qui séparent le point de la courbe, des deux droites $\frac{R\sqrt{3}}{2}$ et $\frac{R\sqrt{2}}{2}$, que ces surfaces-ci partout les longueurs linéaires qui peuvent leur être substituées, sont égales.

La conclusion de cette mesure de l'arc $\frac{1}{8}$ de circonférence, est: *le quart développé de la circonférence est, en longueur, égal à la demi-somme des côtés du triangle équilatéral et du carré inscrit.*

Pour ne pas modifier les notations adoptées depuis de longs siècles, la « *Théorie du point* » égale la longueur trouvée pour la circonférence à la notation acceptée : $2\pi R$.

$$2R(\sqrt{3}+\sqrt{2}) = 2\pi R.$$

d'où $\pi = \sqrt{3}+\sqrt{2} = 3.14620\ldots$

Mais ce nombre incommensurable n'a plus désormais l'importance de jadis, puisque la longueur de la circonférence peut être mesurée *géométriquement* par une droite de longueur finie.

Comme conséquence de cette détermination de la longueur de la circonférence, **le problème de la quadrature du cercle est résolu**; *c'est à dire qu'il est possible, géométriquement, de construire un carré équivalent en surface à un cercle donné.*

La valeur de $\pi = 3.14620\ldots$ est différente de celle acceptée jusqu'à ce jour 3.1415… mais d'une part, la géométrie orthodoxe ne peut donner de démonstration *géométrique* de la valeur de π, elle ne peut davantage vérifier cette valeur. Au contraire la « *Théorie du point* » vérifie que la valeur de π ne peut être autre que 3.14620…

Elle obtient le résultat, par la comparaison des surfaces volume de révolution, qui engendrent le cylindre, la sphère et le cône de même rayon et de même hauteur.

Ces solides, ne peuvent être entre eux, comme les nombres 3, 2, 1, si les surfaces de révolution qui les engendrent *comparées à la surface génératrice de la sphère* ne sont $\frac{3}{2}$ de la surface génératrice de la sphère pour le cylindre, et $\frac{1}{2}$ pour le cône.

Réciproquement si l'on mesure ces surfaces génératrices dans les plans de comparaison, au lieu de les mesurer dans les plans du rayon moyen, les rapports des surfaces de révolution restent les mêmes.

Et ainsi la « *Théorie du point* » en même temps qu'elle établit *pour la première fois* la formule des solides de révolution en fonction de leur surface volume génératrice, consacre la longueur finie de la circonférence et partant, la valeur de $\pi = 3.1462\ldots$

Une dernière erreur est redressée par la « *Théorie du point* » c'est celle *de la surface de la sphère,* laquelle n'est pas égale à celle du cylindre, mais s'exprime par la formule: surface sphère $= \pi R^2$.

CONCLUSIONS

Notre but a été de définir les volumes limités par des lignes droites ou circulaires. Il est atteint.

Nous bornerons, pour le moment du moins, à ces pages la « *Théorie du Point.* »

Nous ne doutons pas que le développement des méthodes simples et logiques dont elle est l'expression, ne donne lieu à des recherches fécondes en résultats. Mais nous considérons que notre tâche est remplie.

Nous avons voulu mettre la jeunesse en possession d'un corps de doctrine suffisant, pour l'immense majorité de ceux qui *n'étudient les sciences mathématiques, que pour se former l'esprit, ou pour tirer de leur enseignement des résultats pratiques.*

A ces études nous ajouterons deux appendices.

Le premier relatif aux *angles.* L'étude des angles est à la base de la géométrie orthodoxe. Or, la « *Théorie du Point* » **n'en fait pas mention.** Il nous faut expliquer les raisons qui nous les ont fait négliger.

La Géométrie, d'autre part, doit servir, avons nous dit, non seulement à mesurer le volume des corps, c'est-à-dire la portion de l'espace qu'ils occupent, mais *aussi à mesurer la nature elle même.* La science, qui a pour objet la mesure de la nature terrestre, est la *Topographie.* Dans une deuxième appendice nous définirons les bases de la Topographie.

Paris, 31 décembre 1908.

Lieutenant-Colonel P.-L. MONTEIL.

FIN

APPENDICE I

Des Angles.

Nous nous sommes abstenu de parler des angles dans la « *Théorie du Point* ». C'est que l'angle lorsqu'on ne définit pas rigoureusement ses propriétés, laisse dans l'esprit une imprécision que nous avons voulu bannir de nos études.

Que signifie de dire : *deux droites qui se coupent déterminent un angle ?* **Rien.** — Attendu que la valeur, même mesurée de cet angle, ne peut rien nous apprendre sur la longueur des droites ou leur surface.

Un angle n'a de valeur qu'autant qu'il indique *l'inclinaison, l'une sur l'autre, de deux droites de* **longueur finie.**

Soient deux droites AB et AC, de *longueur finie*, comprenant entre elle un angle z. Nous pourrons joindre BC et nous obtenons un triangle. Dans ce cas l'angle nous a été utile *puisqu'il nous a permis la construction d'un triangle* (fig. 75).

Si AC est la trace d'un de nos plans de comparaison, BD sera l'autre. Or, BD est la hauteur du triangle. L'angle z exprime donc la valeur de la droite BD, car angle z étant connu nous obtenons BD en abaissant de B une perpendiculaire sur AC. Donc, graphiquement, angle z nous sert à construire le triangle ABC, et à déterminer la hauteur de BD.

Mais nous aurions construit de même le triangle ABC si nous avions connu BD, c'est à dire la hauteur qui sépare le point B de la base AC. BD projection verticale commune à AB et BC, tandis que AC, base, est la somme des projections horizontales de AB et BC.

C'est BD, que nous avons appris à mesurer par la « *Théorie du Point* », la connaissance de angle z nous était donc inutile : elle ne pouvait apporter que complexité dans nos études.

Soient deux droites AD et BD projections de la droite AB. Supposons que $BD = \dfrac{AD}{4}$.

La ligne AB sera inclinée par rapport au plan horizontal AD. Cette inclinaison s'appelle la *pente* de la droite AB (fig. 75).

Cette pente, nous sera indiquée par le rapport des longueurs linéaires des deux projections. La pente de AB par rapport à AD, plan horizontal, sera mesurée par BD. Or, BD est $\dfrac{AD}{4}$. La pente de AB par rapport au plan vertical BD sera mesurée par AD, or AD = 4 BD.

L'angle en D est droit. L'angle en A sera proportionnel à AD puisqu'il mesure AD. Or, la somme des angles d'un triangle est égale à deux droits. Angle D, étant droit, angle A + angle B = 1 droit, d'où nous déduisons angle $A = \dfrac{4}{5}$ de 1 droit ; angle $B = \dfrac{1}{5}$ de 1 droit.

On peut exprimer cette relation en posant que les angles sont proportionnels aux projections opposées :

$$\frac{BD}{\text{angle A}} \qquad \frac{AD}{\text{angle B}}$$

Si BD = AD, pente droite $AB = \dfrac{1}{1}$.

Les mesures linéaires en géométrie sont souvent difficiles à réaliser sur un graphique, le calcul algébrique, qui élimine les erreurs de lecture, donne donc des résultats plus rigoureux. C'est à l'usage particulier, des applications de la géométrie à l'étude de la nature, que servent les angles. Les angles sont d'utilisation constante en *Astronomie*, en *Géodésie*, en *Topographie*. La science spéciale qui utilise les procédés de calcul basés sur la connaissance des angles, et définit leurs rapports avec les lignes à mesurer, s'appelle *la Trigonométrie*.

APPENDICE II

La Topographie.

La *Topographie* est la géométrie appliquée à la mesure de la surface du sol. La *Topographie* a pour objet, de représenter avec tous ses détails, une étendue limitée de la surface terrestre, une contrée, un État : *ses graphiques sont des cartes topographiques*.

Généralisée, et destinée à mesurer ou représenter, dans ses grandes lignes, la surface de la Terre, la topographie devient la *Géodésie*. Ses graphiques prennent le nom *de cartes géographiques, de cartes marines*, etc.

La géométrie, appliquée à la mesure des distances qui séparent notre Terre des autres astres de l'Espace, ou à mesurer les volumes de ces astres, les distances qui les séparent entre eux, s'appelle l'*Astronomie*.

La Topographie dont nous voulons seulement nous occuper pour préciser, en quelques mots, ses procédés, est très exactement l'application des doctrines émises dans la « *Théorie du point* », *c'est-à-dire que toute droite est exprimée en Topographie par sa projection*.

Le but de la Topographie est, de représenter sur un plan horizontal, tout ce qui existe à la surface du sol.

Le plan horizontal, choisi pour plan de comparaison, est la surface de la mer supposée indéfiniment prolongée. Ce plan *est le plan zéro*.

La Topographie résoud un *seul problème de géométrie*. Elle emploie, à la solution de ce problème, des *instruments*. Elle utilise, pour la représentation sur ses cartes, du sol ou des objets situés à sa surface, des *conventions*.

C'est le problème seul que nous étudierons; les instruments se connaissent par la pratique, les conventions par la définition de l'objet auquel elles s'appliquent.

Le problème unique de la Topographie est : *rapporter sur un plan horizontal, qui est le dessin, ou plan topographique, un point du sol, par rapport à un autre point déjà placé sur le plan*.

Le plan de comparaison est représenté par une feuille de papier collée sur une *planchette*. Cette planchette porte en dessous un dispositif qui permet de la fixer sur un pied, et de la rendre *horizontale*, au moyen d'un *niveau d'eau* ou *du fil à plomb*.

Le point où est établie la planchette est une *station*. Supposons que sur la planchette, a soit le point où la planchette est en station (fig. 76).

Pour rapporter sur la planchette le point B du terrain par rapport au point a, du dessin, il faut :

1. Connaître la distance horizontale qui sépare ces deux points;

2. La distance verticale BB_1 du point B au-dessus du plan horizontal de comparaison passant par a.

3. Orienter la projection ab sur le dessin par rapport à une direction fixe.

La planchette étant fixée en a, on place contre le point a, où l'on a, *au préalable, planté une épingle*, une règle munie de deux *pinnules* verticales qui s'appelle une *alidade* (fig. 77).

La pinnule tournée vers l'observateur porte un ou plusieurs *œilletons*. La pinnule tournée vers B_1, est percée d'une fenêtre quadrangulaire au milieu de laquelle est tendu un *fil de visée*. La visée se fait par l'œilleton en superposant le fil de visée sur le point B

L'intervalle PP' entre les deux pinnules est gradué en millimètres, par exemple, et de même les bords de la fenêtre de l'alidade.

La visée étant faite, on trace, le long de la tranche de l'alidade qui touche l'épingle, et qu'on appelle *ligne de foi*, une droite qui est parallèle à la ligne horizontale du terrain.

Sur les bords de la fenêtre de la pinnule avant, les graduations partent de l'horizontale passant par l'œilleton de la pinnule arrière.

La visée suivant aB étant faite on revient à l'instrument et l'on vise à nouveau le point B. On remarque sur la fenêtre le point b où passe la visée abB sur la pinnule avant.

L'instrument permettra, connaissant aB, de définir BB_1.

En effet, les deux triangles aBB_1 du terrain et ob zéro de l'alidade sont semblables.

$$\frac{BB_1}{b\ zéro} = \frac{aB_1}{a\ zéro} \qquad BB_1 = \frac{b\ zéro \times aB_1}{a\ zéro}.$$

Or, a zéro. $=$ PP'. Il suffit de mesurer aB_1, et de multiplier aB_1 par la pente de la droite, donnée par l'instrument, pour obtenir BB_1. Cette pente donnée par l'instrument est : $\dfrac{b\ zéro}{PP'}$.

La deuxième opération est donc de mesurer aB_1, ce qui se fait au moyen d'une *chaîne d'arpenteur* ou tels autres instruments.

aB_1 étant obtenu, on le reporte en ab, sur la direction tracée précédemment sur la planchette, le long de la ligne de foi, à *l'échelle du dessin*.

L'échelle, c'est le rapport du levé fait sur la planchette, aux lignes homologues du terrain.

Le rapport est, du $\dfrac{1}{1000}$ par exemple, c'est dire que, 1 m. du dessin, représentera 1.000 m. du terrain, $1^m/_m$ du terrain représentera 1 m. de terrain. L'échelle est de $\dfrac{1}{25.000}$. 1 $^m/_m$ représente 25 mètres.

La distance ab étant ainsi rapportée sur la planchette, on calculera BB_1, c'est-à-dire l'élévation de B au-dessus du plan horizontal passant par a.

$$\text{En posant } \frac{BB_1}{aB_1} = \frac{b\ zéro}{PP'}.$$

$$\text{d'où } BB_1 = \frac{b\ zéro \times aB_1}{PP'}.$$

Le nombre ainsi obtenu s'appelle la *cote* du point B, on l'inscrit à côté de b.

Si le point a est lui-même au-dessus du plan initial, zéro, de comparaison, on a pu préalablement inscrire sa cote; la cote de B sera la cote de $a + BB_1$.

La troisième opération qui reste à faire, est de rapporter ab à une direction fixe, *de manière à rapporter à cette même direction, toutes les lignes du levé*, ce qui s'appelle *orienter* le levé. On a pris pour instrument, donnant cette direction fixe, la *boussole*, dont l'aiguille aimantée indique toujours la direction Nord Sud du Monde, sous la réserve de corrections déterminées (fig. 76).

Pour tout autre point, les diverses opérations sont les mêmes, nous rapporterions une série de points C, D, E, F, du terrain sur un levé *abcdef*.

Or, l'application de ce théorème, nous montre que *nous avons rapporté les points du terrain par rapport à trois plans : 1° le plan horizontal zéro; 2° le plan vertical passant par B et défini par sa cote; 3° le plan vertical passant par l'aiguille aimantée.*

Le levé topographique est donc la parfaite vérification de la « *Théorie du point* ».

TABLE DES MATIÈRES

LIVRE II

MESURE DES SURFACES RECTILIGNES

LIVRE III

MESURE DES VOLUMES A COTÉS RECTILIGNES

DEUXIÈME PARTIE

Mesures des lignes, surfaces, et volumes circulaires.

LIVRE I

MESURE DE LA CIRCONFÉRENCE

LIVRE II

MESURE DE LA SURFACE DU CERCLE

LIVRE III

MESURE DES VOLUMES CIRCULAIRES

TABLE D'ERRATA

Page	12	Ligne	36	au lieu de :	du B$_2$	lire :	*du point* B$_2$.
»	13	»	18	»	valeur linéaire	»	*longueur linéaire.*
»	15	»	18	»	fig. 2	»	fig. 3.
»	d°	»	30	»	d°	»	d°.
»	d°	»	41	»			perpendiculaire.
»	21	»	8	»	I^3	»	1^3.
»	d°	»	24	»	AB = A$_1$B	»	AB = A$_1$B$_1$.
»	25	Avant dernière ligne		»	(page 23)	»	(page 24).
»	33	Ligne	3	»	FG = 2R	»	FC = 2R.
»	35	»	10 et 11	»	ABCDEFI	»	ABCDEFGI.
»	36	»	1	»	a : pour mesure	»	a pour mesure :
»	d°	»	30	»	CABEGB et DEFEGI	»	GABCED et GBIEDF.
»	41	»	25	»	ajouter : sauf deux projections homologues qui soient égales entre elles.		
»	43	dans les paragraphes où il est fait mention de a^3				lire :	a^3.
»	53	Ligne	11	au lieu de :	I^2	»	1^2.
»	d°	»	17	»	d°	»	d°.
»	58	»	24	»	R$^2\sqrt{2} \times$ R	»	R $\sqrt{2} \times$ R.
»	66	»	5	»	carré ACK	»	carré ACKL.
»	72	»	13	»	droite A'D	»	droite AD.
»	84	»	11	»	mesurer les 2	»	mener les 2.
»	86	»	4	»	fig. 53 *bis*	»	fig. 55 *bis*.
»	d°	»	21	»	jusqu'à ce qui	»	jusqu'à ce que.
»	119	»	19	»	des surfaces des volumes	»	des surfaces, des volumes.
»	d°	»	22	»	soit R $\times \dfrac{1}{2} \times$ 1	»	soit : R $\times \dfrac{1}{2} \times$ 1.
»	120	»	4	»	point élémentaire	»	c du point élémentaire.
»	d°	»	11	»	O$_1$A'A, OC'C	»	prisme O$_1$AA'OC'C.
»	127	dernière ligne		»	Oc_1c	»	Oc_1c_2.
»	129	Ligne	17	»	représentations	»	représentatives.
»	130	»	14	»	$\dfrac{R(\sqrt{3} + R\sqrt{2})}{4}$	»	$\dfrac{R(\sqrt{3} + \sqrt{2})}{4}$.
»	d°	»	17	»	d°	»	d°.
»	134	»	10	»	hauteur	»	hauteur,
»	140	»	19	»	$\left. \begin{array}{l} \\ \pi = 3{,}14620... \\ \\ \end{array} \right\}$	»	$\pi = 3{,}1462...$
»	d°	»	25	»			
»	d°	»	27	»